SELBSTLADE-GEWEHRE

FÜR SPORT UND JAGD

Frank Weissert

SELBSTLADE-GEWEHRE

FÜR SPORT UND JAGD

Frank Weissert

Motor
buch
Verlag

Einbandgestaltung: Andreas Pflaum unter Verwendung einer Vorlage des Verfassers.

Titelseite von links: Heckler & Koch, SAFN 49 und WUM Sporter
Bildnachweis: Archiv Verfasser

Eine Haftung des Autors oder des Verlages und seiner Beauftragten für Personen-, Sach- und Vermögensschäden ist ausgeschlossen.

ISBN 3-613-01939-6

1. Auflage 1999

Lektorat: Martin Benz M.A./Dr. Reinhard Scholzen
Innengestaltung: Katharina Jüssen
Reproduktion: digi bild reinhardt, 73037 Göppingen
Druck: TC-Druck, 72072 Tübingen
Bindung: E. Riethmüller, 70176 Stuttgart
Printed in Germany

INHALT

VORWORT

Halbautomatische Großkaliber-Gewehre – der Begriff bedeutet für viele Waffenfreunde ein Reizwort. Während die meisten Jäger im deutschsprachigen Raum die selbstladenden Büchsen wegen der möglichen raschen Schußfolge als unwaidmännisch ablehnen, bekommen andere Menschen glänzende Augen. Denn ein beachtlicher Teil der Sammler, Sportschützen und Reservisten sieht in den Waffen etwas ganz besonderes. Das betrifft vor allem die militärischen Halbautomaten oder ihre zivilen Ableger, die unter anderem in Deutschland zum größten Teil unter ein Verbot im Waffengesetz fallen. Und wenn etwas in fast unerreichbarer Ferne liegt, weckt es erst recht den Wunsch, es zu besitzen – wobei es die gesetzestreuen Bürger bewenden lassen.

Allerdings existiert bei nähererem Durchforsten des Markts trotzdem ein überraschend großes Angebot. Die Palette reicht vom Vorkriegs-Militärgewehr über demilitarisierte Waffen aus der Produktion nach 1945, die auf Drückjagden sehr sinnvollen Jagdbüchsen bis hin zu Präzisionswaffen für das Scheibenschießen. Zwar haftet Selbstladern der Ruf an, weniger präzise als Repetierer zu sein. Das liegt jedoch oft weniger an den Waffen, worauf ich im Tuning-Kapitel noch näher eingehe.

Auf jeden Fall bieten die Halbautomaten eine technisch und in Hinsicht auf die mögliche Schußfolge besonders interessante Waffengruppe. Sammler finden ein nicht alltägliches Gebiet, Sportschützen tragen spannende Actionwettkämpfe aus und Jäger erhalten mit ihnen schlicht treue Begleiter ins das Revier. In diesem Sinne: Viel Spaß beim Lesen!

Stuttgart, im Februar 1999
Frank Weissert

■ ***Frank Weissert***

Aufgrund des vorgegebenen Umfang des Buches war es nicht möglich, näher auf Details und auf das Zubehör einzugehen. Der Verfasser strebte an, möglichst alle großkalibrigen Halbautomaten vorzustellen, die je auf dem deutschen Markt erschienen sind. Allerdings blieb dabei das eine oder andere Exemplar unentdeckt, bzw. konnte nicht beschafft werden. Allein die Vorstellung der – vor allem bei Militärgewehren – sehr zahlreichen Varianten gäbe genug Stoff für ein weiteres Buch. Alle genannten Daten und Wertungen (z.B. der Abzugs-Charakteristik) gelten für das jeweils abgebildete Gewehr. Bei anderen Waffen gleichen Typs können sie abweichen. Die Preisangaben stammen von Händlern und Importeuren (Stand 1999).

EINFÜHRUNG

Ein Streifzug durch die Entwicklungsgeschichte

Wie die meisten Waffen wurden auch Halbautomaten ursprünglich für militärische Zwecke entwickelt. Entsprechend der Einführung der Papier- und später der Metallpatronen zielten die Gewehr-Konstrukteure auf eine schnellere Schußfolge ab, die einen entscheidenden Vorteil im Gefecht bringen sollte. Kaum standen die ersten ausgereiften, mehrschüssigen Zylinderverschluß-Repetierer für Metallpatronen – wie das schweizer Vetterli M 1868, das US-amerikanische Winchester Hotchkiss von 1878 oder das deutsche Mauser M 1871 (ab 1884 mit Magazin) – zur Verfügung, lagen schon erste Entwürfe für Selbstlader vor. So meldete der in erster Linie für seine Maschinengewehre bekannte Amerikaner Hiram Maxim 1884 ein Patent für einen Rückstoßlader an, Ferdinand von Mannlicher folgte mit einem Patent nur ein Jahr später. Weitere Versuche liefen in Ländern wie Dänemark und Schweden. Einen herben Rückschlag erlitt der deutsche Fabrikant Paul Mauser bei der persönlichen Vorführung eines Prototypen am 8. August 1901: Der Verschluß des Selbstladers brach, worauf Metallsplitter und Pulverpartikel sein linkes Auge so schwer verletzten, daß es später entfernt werden mußte – teures Lehrgeld für mangelnde Sicherheit.

Zum Einsatz kamen Halbautomaten in größerer Zahl erst Jahre später, da sich die frühen Konstruktionen als zu störanfällig für den Gebrauch im Felde zeigten. Sie erwiesen sich vor allem gegenüber Schmutz als äußerst sensibel. Das war mit ein Grund, warum das in Mexiko von General Manuel Mondragon konstruierte und in der Schweiz bei SIG in kleiner Stückzahl unter 2000 Exemplaren gefertigte Gewehr zu seinen Einsätzen ab 1917 in die Luft ging – unter der Bezeichnung *Flieger-Selbstlade-Karabiner 1915*. An Bord deutscher Beobachtungsballons und -flugzeuge des I. Weltkriegs wurde die Waffe im Kaliber 8 x 57 IS in einer Anzahl von rund 1000 Stück zum ersten wirklich militärisch genutzten Selbstladegewehr. Es diente jedoch rein der Verteidigung und funktionierte auch nicht 100prozentig zuverlässig. Dazu gesellte sich bald der *Fliegerkarabiner M 1916* von Mauser. Ende 1916 schickte das zaristische Rußland eine Infanterie-Kompanie mit dem nur Reihenfeuer schießenden Rückstoßladers *Automat M 1916* des Konstrukteurs Wladimir Grigorewitsch Fjodorow an die Front. Es stellt gewissermaßen den Urahnen der späteren Sturmgewehre dar, von dem bis 1925 etwa 3200 Stück entstanden. Immer wieder führten jedoch Systemverschmutzungen zu Ladehemmungen, trotzdem holten die Sowjets die Waffen nochmals im finnischen Winterkrieg (1939/40) aus den Arsenalen. In den Jahren 1917 und 1918 kam schließlich das französische *St. Etienne M 1917* (Kaliber 8 mm Lebel) zum Einsatz, wobei das auf der rechten Seite im Bereich des Vorderschafts freiliegende Gasgestänge beträchtliche Störungen verursachte.

Die Arbeiten in den folgenden Jahren mündeten schließlich in zuverlässigeren Modellen wie dem amerikanischen *M 1* (.30-06 Springfield) von John Garand und dem sowjetischen *Tokarew M 1938 (SWT)* im Kaliber 7,62 x 54 R. Die Gewehre waren jetzt von Ladehemmungen und Zuführstörungen infolge zu schneller Verschlußbewegungen sowie mangelnder Pflege (Ölen) weitgehend befreit. Die Firmen Mauser und Walther beendeten erst 1941 die Arbeiten am *Gewehr 41*, wobei Versuche bereits in den 30er Jahren liefen. 1943 kam das ebenfalls für die Patrone 8 x 57 IS ausgelegte *Gewehr 43*, dessen Verschlußsystem weitgehend auf dem G 41 basierte und in etwa einer halben Million Exemplaren gefertigt wurde. Ein besonders präzise schießendes Gewehr steuerte der schwedische Konstrukteur Erik Eklund mit dem *AG 42 (Ljungman)* in 6,5 x 55 mm Mauser zur Familie der Selbstlader bei.

Nach Ende des Zweiten Weltkriegs rüsteten sich alle Armeen mit vollautomatischen Handwaffen aus, wobei auf die Pionierleistung des deutschen *Sturmgewehr 44* (8 x 33 mm) aufgebaut wurde. Für internationales Aufsehen sorgte vor allem die Konstruktion von Michail Kalaschnikow. Sein vollautomatisches *AK 47* (Patrone 7,62 x 39 mm alias M 43) mauserte sich zum weltweiten Verkaufsschlager, wobei das System später auch von einer ganzen Reihe »zivilisierter« Halbautomaten, wie dem finnischen *Valmet* oder dem israelischen *Hadar*, übernommen wurde. Im Vergleich zur »Kalaschnikow« machte das 1956 im NATO-Kaliber 7,62 x 51 mm (.308 Winchester) eingeführte amerikanische *M 14* einen verhältnismäßig antiquierten Eindruck – bedingt unter anderem durch seinen durchgehenden Holzschaft (später Plastik) und sein hohes Gewicht.

Den Anschluß an den Osten schaffte Eugene Stoner mit seinem Sturmgewehr *M 16* im Kaliber 5,56 x 45 mm NATO (.223 Remington), das zu ähnlichem Ruhm wie die AK 47 gelangte und zumindest in den USA in einer ganzen Anzahl halbautomatischer Varianten erschien. Ähnlich wie das *M 14* erwies sich auch der Selbstlader *SAFN 49* des belgischen Herstellers FN bald als überholt, was 1954 zur Ablösung durch das *FN FAL (LAR)* führte. Deutschland beendete die Ära des von der neu aufgestellten Bundeswehr zunächst ab 1956 eingesetzten FAL alias

G 1 im Jahr 1959 durch die Einführung des *Heckler & Koch G 3*. Der Rückstoßlader mit Rollenverschluß kam unter der Bezeichnung *HK 41* als Halbautomat für Reservisten auf den Markt, und eine Ausführung mit geändertem Verschlußgehäuse und Vollschäftung *(SL 6/7)* trägt dem 1973 in Deutschland eingeführten Anscheinswaffen-Paragraphen 37 des Waffengesetzes Rechnung. Ein Zivilmodell des neuen Sturmgewehrs *HK 50 (G 36)* im Kaliber 5,56 x 45 NATO schob Heckler & Koch 1998 unter der Bezeichnung *SL 8* nach.

Eine der interessantesten Entwicklungen der letzten Jahre ist das schweizer *SIG 90 PE* auf Basis des *SG 550 (Stgw. 90)*, eine sehr präzise schießende Waffe.

Für Sammler und Jäger

Neben den bekannten Grundmodellen existiert eine große Anzahl von Experimentalwaffen und Ablegern, die sich durch unterschiedliche Hersteller, Schäftungen, Lauflängen oder Kaliber von den ursprünglichen Ausführungen abheben. Dadurch ergibt sich für den **Sammler** ein äußerst interessantes Gebiet. Darüber hinaus hat er die Möglichkeit, sich auf bestimmte Waffengruppen wie beispielsweise Scharfschützengewehre mit Zielfernrohr zu spezialisieren. Zubehör wie Gewehrriemen, Optiken oder Munitionskisten und Uniformteile sowie mehr oder weniger stark verrostete Bodenfunde aus ehemaligen Kampfgebieten runden eine Kollektion ab. Und wer die Entwicklungsgeschichte der Halbautomaten mit den vollautomatischen Versionen ergänzen möchte, kann unter anderem in Deutschland (noch!) zu entschärften Deko-Teilesätzen greifen oder als Bürger der Schweiz unter bestimmten Voraussetzungen eine kantonale Sonderbewilligung zum Erwerb von schußfähigen Vollautomaten erhalten (Stand 1999).

Die Preise der Sammlerstücke hängen in erster Linie von Produktionszahlen, seriennummerngleich gestempelten oder bunt aus verschiedenen Waffen zusammengewürfelten Bauteilen und dem Erhaltungszustand ab. Außerdem spielen nationale Vorlieben für das eine oder andere Modell in der Sammlergemeinde eine Rolle. So interessiert sich ein US-Amerikaner vielleicht eher für einen M1-Karabiner mit seltenem Herstellerstempel als für ein genauso rares Modell eines anderen Landes. Deshalb ist er auch bereit, für das gewünschte Stück mehr zu bezahlen. Als Quelle für die begehrten Stücke bieten sich Sammlertreffen, Waffenbörsen oder Anzeigen in Fachzeitschriften an.

Unter **Jägern** entbrennt beim Stichwort Halbautomaten schnell Waidmanns Zank. Während die einen Selbstlader angesichts der möglichen schnellen Schußfolge als »Vollernter« verteufeln, die zu übereilten Nachschüssen verleiten, sehen die andern waidgerechte und praxisgerechte Jagdhelfer in ihnen. Tatsächlich kommt es auf den verantwortungsvollen Schützen am Abzug und nicht auf die technischen Möglichkeiten der Büchse an. Zudem erlaubt – zumindest das deutsche Jagdrecht – lediglich eine Magazinkapazität von zwei Schuß. Und damit relativiert sich die ganze Diskussion wieder: Denn andererseits stehen für einige sehr rasch zu repetierende Büchsen Magazine für zehn oder noch mehr Patronen zur Verfügung.

Tatsache ist, daß beim Halbautomaten beide Hände, Wange und Schulter ihre Lage an der Waffe von Schuß zu Schuß unverändert beibehalten können. Das ermöglicht dem Schützen, das Ziel nach dem Rückstoß schnell erneut zu erfassen oder ein anderes anzuvisieren – ein großer Vorteil, besonders auf der Drückjagd oder bei der Nachsuche. Trotzdem beschränkt sich das Angebot auf wenige Modelle der amerikanischen Hersteller FN Browning und Remington, der deutschen Firma Heckler & Koch sowie der österreichischen Waffenschmiede Voere.

Funktion und Technik

Vom Grundsatz her funktioniert ein halbautomatisches Gewehr wie eine Selbstladepistole: Nach dem Schuß zieht der Verschluß die leere Patronenhülse aus dem Patronenlager, wirft sie mittels eines Ausstoßers aus dem Auswurffenster und die Verschlußfeder drückt den Verschluß wieder nach vorn. Dabei nimmt er die nächste Patrone aus dem Magazin mit und schiebt sie ins Patronenlager. Jetzt muß der Schütze nur erneut den Abzug ziehen und der nächste Schuß bricht. Ein Unterbrecher in der Abzugsgruppe sorgt dafür, daß der Finger vor einem weiteren Auslösen das Züngel erst wieder in seine vorderste Position zurücklaufen lassen muß. Diese Einrichtung verhindert die vollautomatische Abgabe von Schüssen wie beispielsweise bei einem Maschinengewehr, bei dem *ein* Druck des Fingers auf den Abzug genügt, um mehrere Schüsse hintereinander auszulösen.

Drucksache

Halbautomatischen Gewehre liegen zwei Funktionssysteme zugrunde: **Rückstoßlader** nutzen – wie die meisten Selbstladepistolen – die auf den Verschluß wirkende und direkt von der Patronenhülse übertragene Energie. Nach diesem Prinzip funktionieren in erster Linie die Kleinkaliber-Selbstlader mit einfachem Feder-/Masseverschluß. Aufgrund der erheblich leistungsfähigeren Munition besitzen großkalibrige Gewehre dagegen einen verriegelnden Verschluß, den ein Teil der Energie des Schusses vor dem vollständigen Rücklauf zunächst öffnen muß. Damit wird ein Teil der Kräfte abgebaut und der Verschluß läuft mit vertretbarem Schwung zurück. Großkalibrige Rückstoßlader konnten sich mit Ausnahme des unter anderem beim Sturmgewehr *G 3* eingesetzten Cetme/Heckler & Koch-Rollenverschlusses sowie dem aktuellen französischen Sturmgewehr *FA-MAS* bislang jedoch nicht weiter durchsetzen.

Den Großteil der Halbautomaten stellen die **Gasdrucklader.** Sie besitzen meist im vorderen Drittel des Laufs eine kleine Bohrung, durch die ein kleiner Teil der Pulvergase in einen Kanal strömt. Dort werden sie in Richtung Systemgehäuse umgeleitet und stoßen bei den meisten Konstruktionen einen Gaskolben und schließlich die Gasstange an. Sie ist in aller Regel mit dem Verschlußträger verbunden, der schließlich den Verschluß nach hinten stößt und ihn entriegelt. Bei anderen Entwürfen, wie dem amerikanischen Sturmgewehr *M 16*, leitet ein Rohr die Gase direkt an den Verschlußträger.

Weiter lassen sich die Systeme in Ausführungen mit *kurzem Gaskolbenweg* (engl. *short recoil* oder *short stroke action)* und mit *langem Weg (long recoil* oder *long stroke action)* unterteilen. Beim *short recoil*-System legt der Gaskolben lediglich wenige Zentimeter bis zur Gasstange oder zum Verschlußträger zurück. Diese springen getrennt vom Kolben zurück und setzen die Verschlußentriegelung in Gang. Ein typisches Beispiel dafür ist das *FN FAL*. Eine feste Verbindung zwischen Gaskolben und Verschlußträger besteht dagegen beim *long recoil*-System, für das unter anderem die Kalaschnikow-Konstruktionen oder die SIG SG 550-Familie Zeugnis ablegen.

Verschlußsache

Selbstlader lassen sich in vier Verschlußsysteme einteilen. Am verbreitesten ist der Verschluß mit *Drehriegel*, der sich in Konstruktionen wie dem AK 47 oder dem M 16 findet. Darauf folgt der *Kippblock*, unter anderem bekannt von FAL, Tokarew und dem französischen MAS 49. Der *Rollenverschluß* erschien mit dem deutschen *Stgw 45*, das jedoch nicht mehr zur Serienreife gelangte. Allerdings entwickelten deutsche Techniker nach Ende des Krieges daraus das spanische CETME, das schließlich als G 3 Weltruhm erlangen sollte. Bis in den II. Weltkrieg hinein trat außerdem der *Stützklappen-Verschluß* auf. Das deutsche G 43 (K 43) ist das bekannteste Gewehr, das mit diesem System arbeitete.

Drehriegel

Ähnlich dem Zylinderverschluß eines Repetiergewehrs greifen die Warzen eines Drehriegels mit einer Rotation direkt hinter dem Patronenlager in entsprechende Aussparungen von Systemgehäuse oder Lauf. Dabei setzen die Konstrukteure auf eine völlig unterschiedliche Anzahl der Nocken. So nahm Michail Kalaschnikow nur zwei Warzen, Eugene Stoner, der Konstrukteur des M 16, wählte hingegen sieben. Für die Drehung sorgt eine Steuerkurve im Verschlußträger der über das Gassystem von den heißen Gasen zurückgestoßen wird und über die Kurve sowie einen Steuerbolzen den eingesetzten Verschluß zum Entriegeln zwingt. Schiebt die Verschlußfeder den Träger wieder nach vorn, läuft die gesamte Bewegung wie bei anderen Systemen in umgekehrter Reihenfolge ab.

Kippblock

Am ehesten läßt sich die Funktion des Kippblocks mit dem ebenfalls beim Entriegeln abkippenden Lauf einer Großkaliberpistole oberhalb des Kalibers 9 mm kurz vergleichen. In seiner verriegelten Position liegt unter anderem der Block des SAFN 49 mit seiner Verriegelungsfläche in einer entsprechenden Aussparung am Magazinschacht. Wirft der Gasdruck den Verschlußträger zurück, heben seine beiden eingefrästen Steuerkurven die Führungsnocken des Verschlusses an und öffnen ihn.

Rollenverschluß

Der bei den Heckler & Koch-Selbstladern eingesetzte Verschluß wird allgemein als *beweglich abgestützter Rollerverschluß* bezeichnet. Er besteht aus zwei Teilen, dem Riegelstück (könnte auch als Spreizblock bezeichnet werden) und dem darauf geschobenen Verschlußkopf. Im Schuß prallt der Patronenboden gegen den Stoßboden des Verschlußes. Jedoch verzögert die Konstruktion die Rückwärts-Bewegung solange, bis der Gasdruck einen unbedenklichen Bereich für den Schützen erreicht hat. Erst danach gleitet das Riegelstück samt Verschlußträger zurück, gibt die in Aussparungen hinter dem Patronenlager liegenden Rollen frei und der Verschluß öffnet. Entlastungsrillen im Patronenlager verringern dabei die Reibung der Hülse. Auf umgekehrtem Weg schiebt die Verschlußfeder die Einheit von Träger, Riegelstück und Verschlußkopf nach vorn, wobei das Spreizelement in der vordersten Position die Rollen nach außen drückt und damit das System verriegelt

Stützklappen-Verschluß

Von der Verriegelungstechnik her betrachtet, ist der Stützklappen-Verschluß mit dem Rollenverschluß verwandt. Allerdings verriegeln statt der Rollen zwei nach außen schnappende Nocken (die Stützklappen) im Verschlußgehäuse. Die Stützklappen werden wiederum durch ein Spreizstück gesteuert.

DIE SACHE MIT DEM ANSCHEIN

Der Anschein trügt

Ein besonderer Reiz der Halbautomaten militärischer Abstammung liegt vor allem bei deutschen Sammlern und Schützen darin, daß die meisten Modelle eine unerreichbare Verlockung darstellen. Denn der Großteil dieser Waffen fällt unter den *Paragraphen 37 Absatz 1 Nummer 1* des Waffengesetzes. Demnach gelten alle Pistolen und Gewehre, die den Anschein einer vollautomatischen Kriegswaffe erwecken, als sogenannte Anscheinswaffen und damit als »verbotener Gegenstand«. Privatleute dürfen sie nicht erwerben, sprich durch Kauf, Tausch, Schenkung oder auf andere Weise in Besitz nehmen.

Wer trotzdem zugreift, macht sich eines Vergehens gegen das *Kriegswaffen-Kontrollgesetz (KWKG)* schuldig, da sich die Waffe dann in *Teil B, Abschnitt V, Punkt 29 d* der Kriegswaffenliste einreihen läßt. Selbst der Zusammenbau von aus unbrauchbar gemachten Baugruppen oder simplen Spritzgußteilen bestehenden zusammengestellten Teilesätzen ist strafbar. Bei Zuwiderhandlungen gegen das KWKG verstehen die Gerichte keinen Spaß und können herbe Strafen verhängen – einige tausend Mark ist der Sünder schnell los. Schwerere Fälle werden sogar mit bis zu fünf Jahren Gefängnis geahndet, bei besonders herben Fällen wie Bandenkriminalität sind sogar zehn Jahre »drin«.

Lediglich das *Bundeskriminalamt (BKA)* in Wiesbaden kann Ausnahmebewilligungen zum Erwerb einer Anscheinswaffe erteilen. Als Voraussetzung dafür muß der Antragsteller ein Bedürfnis als Sportschütze, Reservist oder Sammler sowie happige 175 Mark an Gebühren (Stand 1999) pro Waffe mitbringen. Und wer eine Anscheinswaffe dem neuen Besitzer oder Eigentümer überläßt, ist mit 87 Mark dabei.

Eine Alternative dazu bilden Waffen, denen »Verbotsmerkmale« – wie Pistolengriff, Mündungsfeuerdämpfer, Schaftdurchbrüche, Klappschaft, Kornschutzbacken oder langes Magazin – fehlen. Allerdings ist die Auswahl der schon im Werk entsprechend gestalteten Gewehre denkbar gering. Dazu zählen das tschechische VZ 52/57 oder das deutsche G 43. Andere Waffen müssen die Büchsenmacher gesetzeskonform abändern, wobei der »37er« manch seltsame Blüte treibt: So mußte beispielsweise der Durchbruch für den Gewehrriemen im Hinterschaft des .30 M 1-Carbine mit einem Holzstück gefüllt und die Kornschutzbacken abgesägt werden. Beim Tokarew kleistern Importeure die Luftschlitze im Handschutz zu und entfernen oder verdecken die gelochte Abdeckung des Gassystems. Generell fällt die meist vorhandene Bajonettwarze der Säge zum Opfer.

Nicht zuletzt muß zumindest ein Schweißpunkt die Visierung auf eine Schußentfernungs-Einstellung von maximal 300 Meter beschränken und das Magazin darf höchstens fünf Schuß fassen. Und wer ein längeres Einsteckmagazin einklinkt, begibt sich von einer Sekunde zur anderen unter das Damoklesschwert des Gesetzes. Damit der sogenannte *mündige Bürger* nicht doch noch einer eventuellen Versuchung erliegt, lassen die Behörden Schacht oder Magazinhalter einiger Waffen ändern und verhindern so das problemlose Einsetzen einer langen Stange. Ein Schweißpunkt verhindert schließlich, daß sich der Verschluß entnehmen und zusammen mit fremden Teilen zu einer verbotenen Waffe ergänzen läßt.

Zwar enthält die *Allgemeine Verwaltungsvorschrift zum WaffG* (im 1979 erstellten Absatz 37.2.4) einige Beispiele für Verbotsmerkmale, läßt durch Begrifflichkeiten wie »wie etwa«

Anscheins-Idee

Der Ursprung des Verbots von Anscheinswaffen liegt in der Terrorwelle der Rote-Armee-Fraktion (RAF) in den 1970er Jahren. Damals wurde der kompakte KK-Halbautomat IGL 69 der Firma Landmann im Waffenhandel angeboten. Er ähnelte stark einer Maschinenpistole und verführte einige Käufer, Unfug damit anzustellen. Unter anderem ließ sich das Gewehrchen verhältnismäßig leicht zum Vollautomaten umbauen. Außerdem waren KK-Gewehre bis 1975 nicht WBK-pflichtig und damit von jedermann frei zu kaufen. Schließlich besorgte sich die RAF einige 100 Stück des IGL 69 und setzte einige auch ein. Da es zu dieser Zeit noch keine gesetzliche Handhabe gegen den freien Verkauf von KK-Gewehren gab, entstand die Anscheins-Idee. Allerdings traf das folgende Verbot nicht nur die Kleinkaliberwaffen (und wurde nach der WBK-Pflicht auch nicht wieder aufgehoben), sondern sämtliche Gewehre, die äußerlich einer automatischen Waffe ähnelten. Mit diesem überzogenen Rundum-Schlag änderte der Staat jedoch nicht das Geringste nichts an der Lage, die RAF bombte und mordete völlig unbeeindruckt weiter. Vielmehr ließ die Bundesrepublik – zumindest ein Stück weit – die Hosen vor Ulrike Meinhof, Andreas Baader & Konsorten herunter. Denn die reine Alibi-Aktion auf Kosten redlicher Bürger bewies nur die Ohnmacht des Staates.

jedoch Raum für weitere Definitionen. Dadurch können einige Bürokraten den 37er insgesamt weiter ganz nach ihrem Gutdünken auslegen. So mauserte sich 1993 der jahrelang problemlos gehandelte SKS gewissermaßen über Nacht zur Anscheinswaffe, worauf sich die »Altbesitzer« eine Ausnahmegenehmigung beim BKA holen mußten. Als nächstes blies der Amtsschimmel zum Angriff auf die freiliegenden Verschlußgehäuse einiger Modelle wie etwa Valmet Hunter, SIG 90 PE oder L1 A1. Einige findige Händler verpackten daraufhin die betroffenen Systeme – selbstverständlich nach dem Entfernen von Bajonettwarze und Mündungsfeuerdämpfer – schließlich in klobige Schäfte, die alle möglichen »Steine des Anstoßes« verdeckten.

Würden die ganzen Aktionen Sinn machen, ginge die Angelegenheit durchaus in Ordnung. Doch kein Verbrecher läßt sich von einem Waffengesetz vom Kauf einer Kalaschnikow oder eines anderen Automaten abhalten, egal wie scharf es ausfällt und welche Strafe auf den Besitz steht. Der trügerische Anschein trifft nur den gesetzestreuen Bürger, der als staatlich überprüfter, legaler Waffenbesitzer für die ganzen Umbaumaßnahmen zahlen darf. Und so mancher Fachhändler bleibt wie im Falle SKS auf seiner Ware sitzen und kann sie höchstens noch ins Ausland verkaufen. Aber dort leidet das Geschäft, bedingt durch die gesetzlich vorgeschriebenen Änderungen für den deutschen Markt (wie abgesägte Bajonettwarzen) gelten die Waffen nun als beschädigt.

Übrigens berechtigt eine Ausnahmebewilligung nicht zum nachträglichen Rückbau der nach KWKG bewerkstelligten Änderungen an der Waffe.

Leider nicht persönlich zu verantworten haben die gesamte Situation diejenigen Landes- und Staatsdiener, die meist nicht einmal eine erfolgreich abgelegte Waffensachkundeprüfung nachweisen können und häufig offensichlich keinerlei Ahnung von Waffen haben – trotzdem legen sie fest, was »Anschein erweckt«. Und wenn es ganz knüppeldick kommt, widerrufen die Beamten bereits erteilte, positive Bescheide. Zudem verloren sie anscheinend ganz aus den Augen, daß ein legaler Waffenbesitzer *in spe* vor dem Erhalt einer WBK über das Bundeszentralregister auf seine »reine Weste« überprüft wird und daß (von Bund und/oder Ländern erstellte) Statistiken eindeutig belegen, daß mit angemeldeten Jagd- und Sportwaffen so gut wie keine kriminellen Handlungen begangen werden. Schlimm ist auch, daß die Bevölkerung die offensichtlich gelangweilten Landes- und Staatsbediensteten für das Ausbrüten solch kranker Ideen bezahlt.

Die Anscheinswächter treffen mit ihrer Willkür nicht nur die Steuerzahler und die legalen Waffenbesitzer, sondern genauso die Sachbearbeiter in den Ordnungsämtern, die sich täglich um die Belange der Schützen und Sammler beim Erteilen einer WBK oder eines Eintrags bemühen. Sie wollen ihre Arbeit so gut wie möglich ausführen und dienen tatsächlich dem Bürger. Die anderen suchen durch – sich selbst erteilte – Arbeitsbeschaffungsmaßnahmen offenbar eher ihre mit Steuergeldern bezahlte Position zu rechtfertigen.

Wenigstens regt sich gelegentlich etwas Widerstand gegen diesen hausgemachten Unsinn. So entschied der bayerische Verwaltungsgerichtshof 1997, daß nicht das Urteil eines Fachmanns zur Beurteilung einer Waffe herangezogen werden soll. Vielmehr müsse die Meinung des Normalbürgers gelten. Und selbst aus LKA's war schon die Meinung zu hören, daß der Anscheinswaffen-Unfug am besten gestrichen werden sollte.

Bunte Mischung

Das BKA ist unter anderem für die Ausnahmegenehmigungen zuständig und beurteilt Waffentypen. Mit letzterem beschäftigen sich jedoch ebenfalls die LKA's (LKA = Landeskriminalamt) der einzelnen Länder, was nicht selten zu unterschiedlichen Meinungen und langen Wartezeiten bis zu einer Entscheidung führt. Außerdem kann es durchaus passieren, daß Berechtigte eine bestimmte Waffe in einem Bundesland »problemlos« erwerben können, während sie Schützenkameraden im Nachbar-Bundesland als Anscheinswaffe strikt verweigert wird. Generell sind die Länder für die Durchführung des Waffenrechts zuständig, wobei in den Innenministerien Volljuristen als Waffenrechtsreferenten sitzen. Gelegentlich kommt es vor, daß sich das BKA oder ein LKA aus der Zuständigkeit stehlen und Antragsteller an die jeweils andere Behörde hin- und herverweisen.

Sogenannte Kriegswaffen fallen schließlich in das Ressort des Bundesamtes für Wirtschaft als dritten im Bunde. Als kriegerische Instrumente gelten hier ebenfalls die in anderen Ländern für nichtmilitärische Zwecke gebaute oder abgeänderte Waffen, unter anderem das schweizer Gewehr SIG 90 PE oder amerikanische Sportversionen des Colt AR 15.

Reflekta

Mauser G 41 (M) und Walther G 41 (W)

Manchmal liegen sogar ansonsten hochintelligente Konstrukteure mit ihrer Meinung total daneben. So erging es Paul Mauser, der sich gegen das Anbohren von Läufen für die Gasabnahme an Selbstladern mit Händen und Füßen wehrte. Der Oberndorfer Kommerzienrat dachte, daß eine Bohrung schnell verschmutzt und mit der Zeit ausbrennt. Unglücklicherweise übernahmen Offiziere im Heereswaffenamt in den 30er Jahren seine Ansicht und verhinderten damit eine rasche Entwicklung von Selbstladern.

Immerhin experimentierten die Firmen Mauser, Vollmer und Walther mit Konstruktionen, die über Staudüsen an der Mündung verfügten – ursprünglich sollten sie lediglich den Rückstoß von Maschinengewehren verstärken und dadurch das reibungslose Repetieren gewährleisten. Die Düsen fingen an den Selbstladegewehren jedoch die Gase vor der Mündung auf und leiteten sie nach hinten über ein Gestänge an den Repetiermechnismus weiter. Allerdings stellten die Unternehmen ihre Versuche 1938 ein, da sie sich auf die Massenproduktion des Karabiners K 98 k vorbereiten mußten. Schließlich war der Ausbruch eines Krieges mit Polen abzusehen.

Erst als die deutschen Truppen 1941 auf die heftige Gegenwehr von mit halbautomatischen Tokarew- und Simonow-Gewehren (SWT 38 und AWS 36) ausgerüsteten Sowjets trafen, wachte das Heereswaffenamt sozusagen auf und beauftragte die Firmen Mauser (Oberndorf) und Walther (Zella-Mehlis) mit der Entwicklung eines Gasdruckladers. Dies führte zu zwei Ausführungen des *Gewehr 41* – den Modellen *G 41 (M)* und *G 41 (W)*.

Allerdings schrieb der Anforderungskatalog noch immer vor, daß die Techniker den Lauf zur Gasabnahme nicht anbohren durften. Statt eines praktischen Einsteckmagazins sollten die Waffen zudem über einen fest eingebauten Zehn-Schuß-Spei-

■ ***Das vorn abgebildete G 41 (M) von Mauser entsprach genau den Vorgaben des Heereswaffenamtes, Walthers G 41 (W) jedoch mehr den praktischen Anforderungen.***

Steckbrief:	G 41 (M)	G 41 (W)
• Konstruktion:	Mauser	Carl Walther, (Zella-Mehlis)
• Hersteller:	Mauser	Walther / Berlin-Lübecker Maschinenfabrik
• Kaliber:	8 x 57 IS	
• System:	Gasdrucklader mit Drehriegelverschluß / Stützklappenverschluß	
• Magazinkapazität:	10	10
• Lauflänge (mm):	550	550
• Gesamtlänge (mm):	1180	1140
• Visierlänge (mm):	490	550
• Gewicht (g):	4900	4500
• Preis 1999 ca.(DM/Euro):	10000/5100,-	5000/2550,-

cher verfügen, den der Soldat umständlich mit zwei Ladestreifen zu fünf Patronen füttern sollte. Und alle im Schuß beweglichen Teile der Mechanik mußten nach Vorstellung der Bürokraten im Gehäuse liegen und durften nicht hervorstehen. Das schloß vor allem einen fest mit dem Verschlußträger verbundenen Kammergriff aus, der bei jedem Schuß zurück- und wieder nach vorn raste. Vielmehr sollte die Repetiervorrichtung der des Karabiners K 98 k mit samt den Winkelzügen entsprechen und beim Schießen mit intakter Halbautomatik nur zum Durchladen dienen, ansonsten jedoch außer Funktion bleiben.

Trotz gleicher Vorgaben gingen Mauser und Walther schließlich zwei verschiedene Wege. Die Gemeinsamkeiten beschränkten sich im wesentlichen zum einen auf die über ein Gewinde an der Laufmündung aufgedrehte Staudüse, die zu der deutlichen

■ ***Abgesehen von der Staudüse an der Mündung und dem nicht angebohrten Lauf kam das G 41 (W) schon weitgehend der Technik des späteren G 43 nahe.***

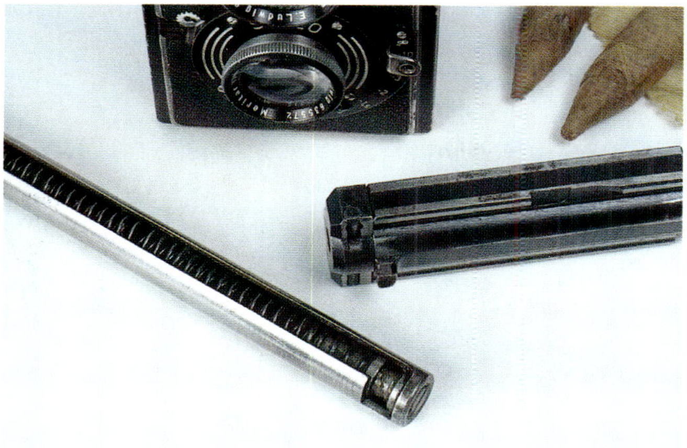

Die Aussparung vorn in der Spannstange (links) greift in senkrechter Position über die Nocke unten im Verschlußträger (rechts), der sich jetzt zurückziehen läßt.

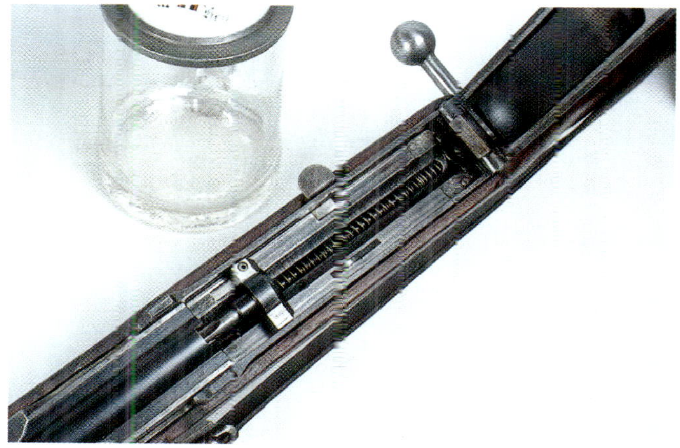

Nach dem Aufklappen des Gehäusedeckels zeigt sich die feine Oberflächen-Bearbeitung, die durch die vielen Schrammen außen an der Waffe nicht gleich zu erkennen ist.

Vorderlastigkeit beider Gewehre führte. Zum anderen glich der Schaft weitgehend der 98er-Ausführung, wobei der Handschutz beim G 41 (M) ebenfalls dem des Repetierers entsprach - die unter dem Lauf liegende Gasstange machte es möglich. Walther deckte die obenliegende Schiene dagegen mit einem bis zum Ende des Vorderschafts reichenden Kunststoff-Handschutz ab.

Mauser baute auf einer nach 1936 entwickelten Versuchswaffe auf und hielt sich genau an die Vorgaben. Nach Druck auf die zwei Tasten links und rechts außen am Gehäusedeckel läßt sich die Platte nach hinten aufklappen und erlaubt einen Blick auf die Verschlußtechnik. In der vorderen Hälfte der Abdeckung liegt auch der Sicherungsflügel, der das Gewehr nach 98er-Art nach rechts außen geschwenkt sichert.

Beim Durchladen und damit dem Anheben des Kammergriffs schwenkt eine Nut, die Mauser in das Ende der längs geschlitzten und mit dem Stengel verbundenen Spannstange (die gleichzeitig die Verschlußfeder führt) schnitt, über den entsprechenden Stollen hinten im Verschlußträger. Jetzt kann der Ladehebel den Träger greifen, zurückziehen und in gewohnter Repetierer-Manier wieder nach vorn drücken. Der Verschluß schiebt dabei die erste Patrone aus dem Magazin ins Patronenlager. Drückt der Schütze den Kammerstengel nach unten in seine Endposition, kuppelt der Verschlußträger wieder aus. Jetzt kann seine Nase frei in dem Schlitz der Spannstange gegen den Druck der darin liegenden Verschlußfeder laufen und das Gewehr ist feuerbereit.

Als Verriegelung nutzt das aus dem Vollen gefertigte G 41 (M) einen Drehriegelverschluß, dessen zwei Warzen nach einer 90-Grad-Drehung ver- beziehungsweise entriegeln. Der Schlagbolzen zündet direkt ohne zusätzliches Schlagstück. Sobald das Geschoß die Mündung verlassen hat, staut sich ein Teil der hinterher strömenden Gase in der Düse. Sie schleudert wiederum den um den Lauf unter einer Hülse liegenden breiten, stählernen Ringkolben zurück, der die unter dem Lauf geführte Schubstange anschubst. Ihr gabelförmiges Ende wirft den hinteren Teil des zweiteiligen Verschlusses zurück, der gleichzeitig den Verschlußkopf zurückzieht und entriegelt. Der Drücker an der rechten Gehäuseseite betätigt den Kammerfang.

Eine Fußangel bei der Bedienung lauert beim Zusammensetzen des Verschlußträgers mit der Spannstange des Kammergriffs. Liegt die im vorderen Ende eingearbeitete Nut nicht genau über dem Mitnehmerstollen des Trägers, kann der Schütze die so zusammengesetzte Waffe durchaus verriegeln – allerdings geht sie nicht mehr ohne weitere Eingriffe auf, eine tödliche Gefahr im Gefecht.

Zudem führten Funktionsstörungen im Zusammenspiel der eng gepaßten Abzugs- und Verschlußbauteile bei Schmutz und Kälte während Truppenversuchen zu durchweg ablehnenden Berichten. Daraufhin stoppte das Allgemeine Heeresamt den vom Heereswaffenamt bereits an Mauser erteilten Auftrag über 50.000 Stück. Insgesamt entstanden deshalb von Mausers G 41 nur wenige tausend Exemplare, die im Februar 1942 das Werk verließen. Das erklärt den hohen Preis auf dem Sammlermarkt von etwa zehn Tausendern.

Gut 4000 bis 5000 Mark billiger läßt sich eine Kollektion um ein G 41 (W) von **Walther** erweitern. Schließlich entstanden davon schätzungsweise 70.000 Stück in der Berlin-Lübecker Maschinenfabrik (Werk Lübeck, Code »duv«) sowie bei Walther (»ac«), die Anfang 1943 zur Verfügung standen. Ein Grund für

■ ***Wie der Karabiner 98 k besitzt auch das G 41 (M) einen Kammerstengel zum »richtigen« Repetieren. Fast alle Teile sind aufwendig aus dem Vollen gearbeitet. Eine weitere Besonderheit stellt die ungewöhnliche Feder des Magazinzubringers dar.***

die Entscheidung zugunsten der Thüringer Konstruktion lag zunächst im Einsatz von Blechprägeteilen und dem damit verbundenen günstigeren Preis – hundert gegenüber dem G 41 (M) eingesparte Arbeitsstunden pro Waffe waren ein Argument.

Eigentlich hätte das Heereswaffenamt das Gewehr trotzdem von vornherein ablehnen müssen. Denn bei dessen Konstruktion ignorierten die Thüringer weitgehend die Vorgaben, abgesehen von der Staudüse und dem fest eingebauten Kastenmagazin. So entfiel der Kammergriff in K 98-Bauart zugunsten eines einfachen, kurzen Repetierknopfs, der fest mit dem Verschlußträger verbunden war und damit in aller Öffentlichkeit munter hin und her fetzte. Ein Schieber links neben dem Griff betätigt den Verschlußfang.

Im Unterschied zum Mauser-Gewehr legte Walther die Schubstange des Gassystems über den Lauf unter den Bakelit-Handschutz. Der leichte Blechpräge-Schieber treibt den Stützklappen-Verschluß an, dessen zwei links und rechts im Kammerzylinder eingesetzte Riegelklappen in entsprechende Aussparungen im Gehäuse eingreifen. Für ihren Antrieb sorgt das im Zylinder laufende Steuerstück, das gleichzeitig den Schlagbolzen trägt.

Im Schuß stößt die Schubstange den Verschlußträger an. Er läuft zurück, wobei seine nach unten reichende Nocke das Steuerstück nach hinten zieht. Darauf schnappen die Stützklappen aus den Nuten im Verschlußgehäuse. Nach dem Entriegeln greift der weiter zurückfahrende Verschlußträger ebenfalls den Zylinder und reißt ihn zurück, wobei er die Hülse aus dem Lager zieht und auswirft. Das Zuführen der nächsten Patrone und das Verriegeln laufen logischerweise in umgekehrter Reihenfolge ab. Jedoch wird der Schlagbolzen im Unterschied zum G 41 (M) nicht gespannt, vielmehr steht jetzt ein unter Spannung stehendes Schlagstück dahinter. Möchte der Schütze sein G 41 (M) sichern, schwenkt er den hinter dem massiven Gehäusedeckel liegenden Sicherungshebel auf die rechte Seite.

Insgesamt konnten sich die beiden Gewehre nicht durchsetzen. Jedoch entwickelte Walther das G 41 (W) samt dem Stützklappenverschluß zum erfolgreichen *Gewehr 43* (G 43) weiter.

■ *Wie mit dem Karabiner 98 (oben) sollten G 41-Schützen repetieren können – zumindest wenn die Selbstlade-Funktion versagte. Vor allem diente der Kammerstengel jedoch zum Durchladen des G 41 (M).*

■ *Die flache Gasstange springt durch den Schlitz im Kornsockel und wirft den Verschlußträger zurück.*

■ *Der Verschlußfang liegt beim G 41 (W) links neben dem Spannknopf, der Sicherungshebel hinten am Gehäusedeckel. Dagegen muß der G 41 (M)-Schütze zum Freigeben des Verschlusses den breiten Knopf rechts am Gehäuse drücken, die Sicherung wird über den Schwenkflügel im Deckel bedient. Die beiden Drücker links und rechts davor entriegeln auf Druck die Abdeckung.*

Zerlegen

G 41 (M)

- Patronenlager und Magazin leeren
- Kammergriff senkrecht stellen und zurückziehen
- Gehäusedeckel durch Eindrücken der beiden Riegelknöpfe aufklappen
- Verschlußfang drücken und Kammergriff etwas nach vorn schieben
- Verschluß entnehmen und Kammerstengel vollends herausziehen (Achtung: Beim Einbau müssen die Riegelwarzen waagerecht stehen und die Nocke am Verschlußträger in die eckige Aussparung am vorderen Ende der Spannstange greifen)
- Die beiden Schrauben unten aus dem Abzugs-/Magazin»blech« drehen
- Den federnd gelagerten Stift vorn am Kornsockel eindrücken und die Staudüse herunterdrehen
- Gaszylinder samt Kolben abziehen
- Schaftringe entfernen, Handschutz abnehmen und System aus dem Schaft heben
- Gasstange entnehmen

G 41 (W)

- Patronenlager und Magazin leeren
- Verschluß zurückziehen und mit Kammerfang arretieren
- Den aus dem Gehäuse hinten herausstehenden Bolzen hineindrücken und die gesamte Einheit herausheben
- Das Ganze vorn und hinten sicher halten, Verschlußfang drücken und die Teile mit der Federspannung langsam auseinandergleiten lassen (unbedingt jetzt die Lage aller Einzelteile für das Zusammensetzen merken.)
- Den federnd gelagerten Stift vorn am Kornsockel eindrücken und Staudüse herunterdrehen
- Gaszylinder samt Kolben abziehen
- Die drei Schrauben unten aus dem Abzugs-/Magazinblech drehen
- Schaftringe entfernen, Handschutz abnehmen und System aus dem Schaft heben
- Gasstange entnehmen

Das Gassystem der beiden G 41 besteht aus der konischen Staudüse, dem Kolben sowie dem Zylinder, der gleichzeitig das Korn trägt. Wie auf der Abbildung zu sehen, läuft die Gasstange beim Walther (oben) über dem Lauf, Mauser legte sie unter das Rohr.

Walther G 43

Nachdem die Landser an der Ostfront ihre Repetierer mehr und mehr beiseite legten und statt dessen lieber zu erbeuteten, von der Feuerkraft her überlegenen Simonow- und Tokarew-Selbstladern griffen, mußte sich das Heereswaffenamt zwangsläufig von seinen Vorurteilen gegen angebohrte Läufe verabschieden. Schließlich wies keine der Waffen die befürchteten Probleme auf (siehe G 41). Angesichts der Leistungsfähigkeit der russischen Gewehre und der sich ab Stalingrad im Winter 1942/43 bedenklich zuspitzenden Situation, mußte die Heeresleitung mit einer entsprechenden Waffe nachziehen, die wiederum das Kaliber 8 x 57 IS besaß.

Das daraus resultierende *Gewehr 43* – auch *G 43* und ab 1944 *Karabiner 43 (K 43)* genannt – erfuhr lediglich eine grobe Kriegsbearbeitung. Die Teile blieben so weit wie möglich roh und wurden nur wo zur Funktion unbedingt nötig präzise nachbearbeitet. Das zeigte sich vor allem in groben Feil- und Frässpuren

Steckbrief:	**G 43 / K 43**
• Hersteller:	Carl Walther (Zella-Mehlis) Berlin-Lübecker Maschinenfabrik (Lübeck) Gustloff (Weimar)
• Kaliber:	8 x 57 IS
• System:	Gasdrucklader mit Stützklappenverschluß
• Magazinkapazität:	10
• Lauflänge (mm):	560
• Gesamtlänge (mm):	1120
• Visierlänge (mm):	545
• Gewicht (g):	3900
• Preis 1999 ca.(DM/Euro):	2200 – 3500,-/1100 – 1750,-

Gewehr 43 zerlegt.

an den Metallteilen. Ansonsten machte das G 43 gegenüber seinem Vorgänger technisch einen großen Schritt nach vorn.

Die Walther-Konstrukteure nahmen das System des *G 41 (W)* samt dem Stützklappen-Verschluß, versetzten den Kammerknopf auf die linke Seite und bohrten den Lauf oben etwa 30 Zentimeter vor der Mündung an. Der Gaskolben steckt ähnlich der Tokarew-Konstruktion (sicherlich kein Zufall) in einer Hülse und treibt unter dem Druck der Pulvergase die dünne Übertragungsstange und sie wiederum die federnd gelagerte Gasstange an. Sie läuft durch eine eingesetzte Hülse im Kimmensockel und wirft schließlich den Verschlußträger zurück. Er zieht den Spreizkeil im Verschlußzylinder zurück, die Stützklappen schnappen nach innen und entriegeln damit. Schließlich drückt die Verschlußfeder das Teil wieder in die Ausgangslage zurück – ein bereits vom *G 41 (W)* bekannter Vorgang.

In der Praxis erwiesen sich sämtliche früheren Befürchtungen in Sachen Verschmutzung als völlig haltlos. Der Soldat mußte das Gassystem so gut wie nie reinigen. Außerdem konnte er seine Waffe mit einem Einsteckmagazin laden, allerdings ließ sich der eingesetzte Speicher ebenfalls durch das Verschlußgehäuse mit Ladestreifen füttern. Die meisten Waffen verfügten über eine Prismenschiene rechts hinten am Verschlußgehäuse, die ein Zielfernrohr für den Einsatz als Scharfschützengewehr* aufnehmen konnte.

Die Schaftform blieb weitgehend der 98er-Linie treu, wobei Putzzeug in einer Ausfräsung im Kolben Platz fand. Der Schütze erreichte es nach öffnen einer Klappe in der Schaftkappe. Der Handschutz bestand entweder aus Holz oder aus Bakelit.

Zumindest drei Firmen fertigten das G 43: Carl Walther (Code »ac«), die Berlin-Lübecker Maschinenfabriken (»duv«, gegen Kriegsende auch »qve«) sowie die Gustloff-Werke in Weimar (»bcd«). Noch im Mai 1945 bauten die Berlin-Lübecker Maschinenfabriken den K 43. Insgesamt kamen etwa 500.000 Exemplare des G 43/K 43 zur Truppe, wodurch auch vergleichsweise viele Stücke bis in unsere Tage erhalten blieben. Je nach Zustand kostet ein Gewehr etwa 2200 bis 3500 Mark. Scharfschützen-Zielfernrohre wie das *GwZF 4-fach* liegen mit Montage schnell über 4000 Mark.

Allerdings hatte eine andere Entwicklung das 43er bereits überholt: Die hochmoderne Maschinenpistole *MP 43* die ab Mitte 1944 auf eine Anweisung Adolf Hitlers hin als *Sturmgewehr 44 (Stgw 44)* bezeichnet wurde. Es verschoß die Gewehr-Kurzpatrone 8 x 33 Polte und war das Vorbild schlechthin für die modernen Nachkriegs-Sturmgewehre.

Das Gewehr 43 bezeugt durch seine grobe Bearbeitung, wie schlecht es um Deutschland in den letzten Kriegsjahren stand und was mit geringen Mitteln doch noch machbar war. Jedenfalls wurde an den Passungen wichtiger Teile nach wie vor nicht gespart. Sofern ein Sportschütze über ein G/K 43 samt gutem Lauf verfügt und es mit einem Zielfernrohr ausrüstet, kann er dadurch sogar bei Ordonnanzgewehr-Wettschießen erfolgreich mitmischen. Schließlich kann das Gewehr in dieser Ausstattung durchaus gute Fünf-Schuß-Streukreise unter 70 Millimeter auf die 100-Meter-Distanz erzielen – angepaßte Munition und höchstens warme Waffe vorausgesetzt. Damit ist die Experimentierfreude des Wiederladers gefragt. Weiter sprechen der leicht erreichbare und recht griffige Magazinhalter direkt hinter dem Patronenspeicher sowie der erträgliche Spannwiderstand von etwa neun bis zehn Kilogramm für den Einsatz als Sportwaffe.

* Erschöpfende Auskunft über die Scharfschützenvarianten der Modelle 41 und 43 gibt das Buch *Deutsche Scharfschützen-Waffen* von Peter Senich aus dem Motorbuch-Verlag, Stuttgart.

Gewehr 43 zerlegt. Blick auf die zusammengesetzte Einheit von Verschluß, Träger und Gehäuseabdeckung. Die Auszieherkralle ist ausgebaut.

Stärken

- In gutem Zustand gute Schußpräzision
- Historisch interessantes Stück
- Durch verschiedene Hersteller und Ausführungen recht umfangreiches Sammelgebiet

Schwächen

- Relativ teuer

Der Handschutz des G 43 besteht aus dem Kunststoff Bakelit. Die Form des Schaftes lehnt sich stark an jene des Karabiner 98 k an.

■ ***Damit die Stützklappe nicht auf der falschen Seite eingebaut wird, erhielt die rechte Klappe (hier neben dem Verschluß) eine Ausfräsung, die über eine schlicht eingeschlagene Erhöhung im rechten Verschluß-»Fenster« reicht. Die linke Klappe läßt sich hier nicht einsetzen.***

Zerlegen

- Magazin entnehmen
- Patronenlager leeren
- Die beiden Schrauben auf der Unterseite des Gewehrs herausdrehen, wobei jeweils der federnd gelagerte Arretierstift eingedrückt werden muß.
- Vorderen Schaftabschluß nach Eindrücken der Feder nach vorn abziehen
- System abnehmen
- Verschlußträger zurückziehen und mit Verschlußfangknopf arretieren
- Das hinten aus dem Führungsgehäuse herausstehende Ende der Federführungsstange eindrücken (geht schwer)
- Gesamte Einheit von Verschluß, Träger und Führung hinten abheben und aus der Waffe nehmen
- Das Paket beim nächsten Schritt fest umgreifen, da es unter der Spannung der Verschlußfeder steht
- Verschlußfangwippe oben eindrücken und alles langsam auseinandergleiten lassen
- Gasstange gegen den Federdruck nach hinten ziehen, Übertragungs- und Gasstange nacheinander herausziehen.
- Gaszylinder abziehen

■ ***Verschlußgehäuse und Bodenblech zeigen deutlich die grobe Bearbeitung der Teile, die in den letzten Jahren des Krieges aus Gründen der Kosten- und Zeitersparnis gang und gäbe war.***

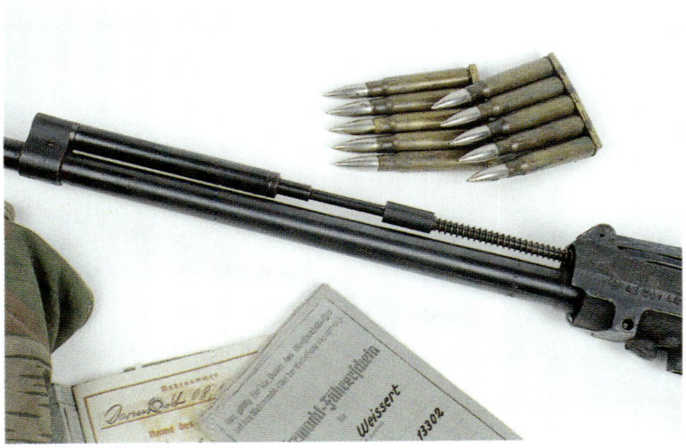

■ ***Das Gassystem erinnert an die Konstruktion des russischen Tokarew.***

Heckler & Koch 41, SR 9, SLG 97

Das waren noch Zeiten, als Reservisten der deutschen Bundeswehr problemlos die halbautomatische Ausführung des Dienstgewehrs *G 3* kaufen durften. Als *HK 41* kam es im Bundeswehr-Kaliber 7,62 x 51 mm NATO (.308 Win) unter der Bezeichnung *HK 43* in den 60er Jahren auf den Markt und glich bis auf die lediglich halbautomatische Technik dem Sturmgewehr aufs Haar. Mit dem Erwerb dieser idealen Trainingswaffe war es am 1. Januar 1973 jedoch schlagartig vorbei, als der neue Paragraph 37 des Waffengesetzes griff und das Gewehr jetzt als Anscheinswaffe galt. Wohl dem, der noch rechtzeitig ein Exemplar kaufte. Mit etwas Glück läßt sich jedoch auch noch heute eines der Gewehre auftreiben und erwerben, wobei das BKA gegenüber anderen Anscheinswaffen hier eine weitere Einschränkung bereithält (siehe Kasten). Jetzt blieben Reservisten und Sportschützen nur noch die Modelle *SL 6* und *SL 7* (siehe Seite 30) von Heckler & Koch, wenigstens mit *G 3*-Rollenverschluß, für Training und Wettkampf.

Erst Ende 1992 kam der nächste echte *G 3*-Ableger auf den deutschen Markt – als Re-Import. Das in Oberndorf von Heckler & Koch für den US-Markt gefertigte, 3100 Mark teure *SR 9* (***S**porting **R**ifle)* kam mit einem sportlichen Kunststoff-Lochschaft, dem vorderen Handteil fehlten die Kühlöffnungen, und auf einen Mündungsfeuerdämpfer wurde gleichfalls verzichtet. Die Schwarzwälder lieferten die Systeme in Einzelteilen in die USA, wo das HK-Schwesterunternehmen in Virginia sie für den US-Markt montierte und mit den Kunststoff-Handteilen versah. Der Kölner Fachhändler Paul Dziedziol ließ sich aus den USA einen Schaft schicken, änderte das System eines *HK 41* gemäß Verwaltungsvorschrift ab und setzte es in die Kunststoffteile ein – und erhielt den Segen von BKA und LKAs. Die Waffe erzielte auf 100 Meter sehr gute Fünf-Schuß-Streukreise um die 30 Millimeter, der Durchschnitt lag bei etwa 50 Millimeter. Vielen Reservisten und Sportschützen glaubten bereits an ein Wunder – doch die meisten freuten sich zu früh. Denn trotz vorliegenden positiven Bescheides (!) schlug Anfang 1993 wieder einmal der Bannstrahl des Paragraphen 37 ein und aus war es mit dem *SR 9*.

1995 startete die Firma Bernd Schulze in Struchtrup einen neuen Versuch. Sie »versenkte« in Portugal gefertigte Systeme (Heckler & Koch-Lizenz) buchstäblich in dicken Schichtholzschäfte, die nun die – nach Behördenmeinung anstößigen – Systemgehäuse kaschierten. Das immerhin 2990 Mark teure

Das Heckler & Koch SR 9 (unten) gibt es nur mit BKA-Sonderbewilligung, das SLG 97 darüber ist dagegen auf normale WBK erhältlich. Es beruht auf einem in Lizenz gefertigten System des portugiesischen Herstellers FMP.

Steckbrief:	HK 41	SR 9	SLG 97
• Hersteller:	Heckler & Koch	Heckler & Koch	FMP
• Kaliber:	.308 Win	.308 Win	.308 Win
• System:	Rückstoßlader mit beweglich abgestützem Rollenverschluß		
• Magazinkapazität:	5	5	5
• Lauflänge (mm):	450	500	450
• Gesamtlänge (mm):	990	1075	1000
• Visierlänge (mm):	570	570	570
• Gewicht (g):	4500	4900	4850
• Preis 1999 ca.(DM/Euro):	5000,-/2550,-	4300,-/2190,-	2590,-/1320,-

Für die meisten Selbstladerschützen nur ein Traum: Das HK 41. Hier ist es mit verstellbarer »Scharfschützen«-Schäftung und Standard-Kunststoffschaft zu sehen. Außerdem lieferte die Oberndorfer Firma Heckler & Koch das Reservisten-Gewehr mit Holzschaft.

Lieber Leser,

Ihre Meinung ist uns wichtig!
Nur durch Ihre Anregungen und Ihre Kritik können wir uns ständig verbessern. Bitte schreiben Sie uns doch auf dieser Antwortkarte, wie Ihnen das Buch gefallen hat.

und gewinnen Sie!

Unter den Einsendern werden jeden Monat 10 Büchergutscheine im Wert von jeweils 99 Mark verlost.

Autor und Titel des Buches:

Meine Meinung zu diesem Buch:

Ich habe dieses Buch gekauft bei

☐ Buchhandel ☐ Versandhandel ☐ Sonstigem Händler

SLG 95 glich nun zwar eher einer Eisenbahnschwelle als einem Gewehr, doch immerhin konnten deutsche Schützen jetzt ein ziviles *G 3* erwerben. Heute (1999) gibt es das *SLG 95* mit einem viel schlankeren Kunststoffschaft. Leider stand es für dieses Buch nicht zur Verfügung: »Der Verkauf geht vor«, lautete die Stellungnahme des Fachhändlers.

Auf der Internationalen Waffenaustellung (IWA) 1998 in Nürnberg präsentierte das Unternehmen Transarms unter der Bezeichnung *SLG 97* einen 2590 Mark teuren *G 3*-Ableger mit schlankerem Nußbaumschaft. Nur dünne, aufgeschraubte Holzplatten verdecken das Verschlußgehäuse. Die Systeme kamen wiederum aus Portugal.

Die Teile der halbautomatischen *G 3*-Ausführung gleichen ihren militärischen Brüdern fast aufs Haar. Der Feuerwahlhebel zeigt nur die Positionen »F« (»Feuerbereit) und »S« (»Sicher«), während das »F« beim Bundeswehr-*G 3* für »Feuerstoß« und das »E« für »Einzelfeuer« steht. Nach Paragraph 37 wurde auf den Mündungsfeuerdämpfer und die 400-Meter-Bohrung in der Visiertrommel verzichtet. Außerdem läßt sich das Abzugssystem des Halbautomaten nicht gegen die originale *G 3*-Baugruppe austauschen.

Der Test des aktuellen Modells *SLG 97* (Stand 1999) zeigte, daß es sich trotz aller Umbaumaßnahmen noch gut für das sportliche Schießen eignet und überdies eine ordentliche Verarbeitung aufweist. Da wackelt nichts, die Passungen der Metallteile sind für ein Militärsystem sehr sauber und auch die parkerisierten Oberflächen lassen nichts zu wünschen übrig. Nur die mit unterschiedlich mattem Lack überzogenen und teils helleren oder dunkleren Schaftteile trüben etwas den guten Gesamteindruck. Und es ist längst nicht so handlich wie das HK 41.

Der Hinterschaft weist einen angenehmen Griffwinkel auf und bietet auch größeren Händen genügend Fülle. Der auf der Unterseite flache, breite Vorderschaft eignet sich bestens für das Schießen vom Sandsack aus; im freihändigen Anschlag wäre eine schmälere Form für kleinere Hände wünschenswert. Nichts auszusetzen gibt es an der *G 3*-typischen, höhen- und seitenverstellbaren Lochvisierung, die ein absolut klares Zielbild erzeugt. Durch den Rollenverschluß artet das Durchladen, wie bei den Modellen *SL 6* und *7*, in Kraftsport aus, da haben es die Schützen von Gasdruckladern leichter – daß es aber auch bei Waffen mit Rollenverschluß anders und leichter geht, beweist das *SIG-AMT (SG 510-4)* (siehe Seite 132).

In Sachen Abzugscharakteristik kann das *SLG 97* seine militärische Abstammung nicht leugnen. Der Abzug kriecht nach dem Druckpunkt etwa einen halben Zentimeter und löst ziemlich hart bei 3400 Gramm aus. Durch den tiefliegenden Lauf sowie den ausreichend hohen Hinterschaft trifft der Rückstoß aber ziemlich geradlinig die Schulter und die Mündung schlägt

Heckler & Koch PSG 1

Unter den Halbautomatenschützen kursiert ein Gewehr insgeheim als »non plus ultra«: Das *PSG 1 (Präzisionsschützengewehr 1)* von Heckler & Koch. Wie viele Selbstlader unterliegt es dem 37er Paragraphen. Aber selbst wenn es wie in den USA auf dem Zivilmarkt erhältlich wäre, überstiege der satte Preis von über 10.000 Mark (5 100 Euro) wohl das Hobby-Budget der meisten Interessenten.

SLG 97

Stärken

- Gute Verarbeitung
- Robuster Aufbau
- Sehr gute Visierung
- Hohe Schußpräzision

Schwächen

- Hoher Spannwiderstand

Das fünfschüssige Magazin besitzt rechts vorn eine Aussparung, damit es sich über einen Schweißpunkt im Schacht einsetzen läßt. Die Lücke soll verhindern, daß der Schütze einen originalen 20er-»Tank« einsetzt...

Sonderfall HK 41

Nach Auskunft des BKA muß der Erwerber eines *HK 41* neben der gültigen WBK mit Voreintrag weitere Voraussetzungen vor Erteilen der Ausnahmegenehmigung erfüllen. Zunächst erhalten nur Reservisten den Segen. Allerdings nicht als einfache Mitglieder einer schießsporttreibenden *Reservisten-Arbeitsgemeinschaft (RAG)*, vielmehr muß der Antragsteller dem *Vorstand* angehören. Dadurch soll das Gewehr nicht nur einem Einzelnen, sondern einer ganzen Gemeinschaft von Wehrübenden zur Verfügung stehen. Vater Staat, deine Reservisten danken dir für diese Weitsicht!

trotz der kräftigen Patrone verhältnismäßig wenig aus der Ziellinie. Mit 147 Grains-Geschossen (Militärmunition) lagen die Fünfergruppen zwischen 65 und 80 Millimeter, 168 grs-Matchpatronen von Norma und PMC brachten es auf 38 bis 43 Millimeter – eine durchaus beachtliche Leistung, die systembedingt genauso für das *SLG 95* gilt.

Die Gehäuse der *G 3*-Zivilisten nehmen die STANAG-Zielfernrohr-Montagen samt den dazugehörenden Optiken auf. Wer ein »normales« Zielfernrohr aufsetzen möchte, findet auf dem Zubehörmarkt Montagen unter anderem im Angebot der Firma B-Square.

Abschließend stellt sich noch die Frage, ob wohl jemand auf die Idee kommt, eines Tages die Schützen mit einem *PSG 1*-Matchlauf im »zivilen« G 3-System zu erfreuen?

Transarms-Chef Karl-Friedrich Kleber mit dem SLG 97.

■ *Während die Prägung auf dem SR 9 Heckler & Koch als Hersteller ausweist...*

■ *...trägt das Gehäuse des SLG 97 das Kürzel des portugiesischen Unternehmens FMP. Daneben liegt der Rollenverschluß mit Steuerblock und Schlagbolzen. Die leere Hülse zeigt die G 3-typischen Schmauchspuren der Entlastungsrillen im Patronenlager.*

■ *Bis auf die Schäftung und die Seitenplatten sind diese Teile jedem Bundeswehr-Soldaten bekannt.*

Kurze Geschichte des G 3

Die Ursprünge des *G 3* liegen im Rollenverschluß des deutschen *Maschinengewehrs 42 (MG 42),* der in abgeänderter Form als Vorlage für den 1942 von Mauser vorgestellten Maschinenkarabiner *Gerät 06 H* (Kaliber 8 x 33 mm Polte) diente. Ein Jahr darauf erhielt das Patronenlager die Längsfräsungen, die das Ausziehen der leergeschossenen Hülse erleichtern. Außerdem konnten die Konstrukteure den zunächst viel zu schnellen Verschlußrücklauf auf weniger systembelastende, wenn auch nicht gerade niedrige Werte bremsen. Schließlich stand zu Beginn des Jahres 1944 ein voll funktionsfähiges Gewehr zur Verfügung, das als *Sturmgewehr 45 (M)* kurz vor der Einführung stand. Ein wichtiges Argument waren die 7,5 Arbeitsstunden, denen 14 Stunden für das berühmte *Sturmgewehr 44* gegenüberstanden. Außerdem brachte die neue Waffe lediglich etwa vier Kilo auf die Waage und damit anderthalb weniger als die Konstruktion von Haenel und Walther. Doch das Kriegsende verhinderte die Serienfertigung.

Vier Jahre nach dem Krieg bot Spanien dem früheren Generaldirektor der Gustloff-Waffenwerke, Werner Heynen, an, eine Entwicklungsgruppe mit deutschen Konstrukteuren zusammenzustellen, die der spanischen Handwaffenentwicklung auf die Sprünge helfen sollte. Unter anderem wandte er sich an den früheren Mauser-Techniker Ludwig Vorgrimler, der zu dieser Zeit im elsässischen Mühlhausen für Frankreich arbeitete. Vorgrimler sagte zu, jedoch gaben die Franzosen seinen Reisepaß nicht heraus. Eines Tages erschien Vorgrimler nicht mehr zur Arbeit und tauchte wenig später in Spanien auf, wo er maßgeblich die Entwicklung des *G 3* vorantrieb. Eigentlich wünschten sich die Spanier einen Gasdrucklader, trotzdem ließen sie die deutschen Entwickler zusätzlich mit Rückstoßladern experimentieren. Schließlich mußten beide Waffen am 2. Juni 1951 unter den Augen des damaligen *Gaudillo* Francisco Franco zu einem Testschießen auf 600 Meter antreten. Während der Gasdrucklader nicht zum Schießen zu bewegen war, lieferte der Konkurrent eine absolut überzeugende Vorstellung.

Die mittlerweile nach dem Entwicklungsort als *CETME (Centro des Estudios Tecnicos Materiales Especiales* / etwa: Forschungszentrum für technische Materialforschung) benannte Waffe weckte schließlich auch das Interesse der gerade im Entstehen begriffenen Bundeswehr. Außerdem fanden Versuche in Ländern wie Schweden, Österreich, Portugal, Brasilien oder den USA statt. Vorerst besorgte sich die Bundeswehr 1956 jedoch das *FN FAL,* das die Belgier rasch liefern konnten. Als weiterer *CETME*-Konkurrent trat das amerikanische *AR-10* als *G 4* an, eine Variante des späteren *M 16* im Kaliber 7,62 x 51 NATO. Jedoch sprach die Fertigung im eigenen Lande, genauer gesagt bei der 1949 in Oberndorf gegründeten Firma Heckler & Koch, für das *G 3*. Schließlich montierte das Unternehmen bereits seit Mai 1955 die spanischen Gewehre. Und wenn das aus dem Vollen gefräste FN-Gewehr 24 Kilo Rohmaterial bei 24 Arbeitsstunden benötigte, so kam das weitgehend geprägte *G 3* gerade mal auf zwölf Stunden und lediglich zehn Kilo Ausgangsmaterial.

1957 fiel in Deutschland die Entscheidung für das G3. Jedoch beanspruchte jetzt das Rüstungsunternehmen Rheinmetall aufgrund der firmeneigenen Patente für den Rollenverschluß des MG 42 sein Stück vom Kuchen, den es als weiterer Hersteller schließlich erhielt. Zudem galt es noch die Industriewerke Karlsruhe zufriedenzustellen, das Unternehmen hatte bereits ein niederländisches Unternehmen und die Fertigungslizenz für das CETME gekauft. Doch auch dieses Problem wurde gelöst, offenbar in Verbindung mit Munitions-Aufträgen.

Offiziell wurde das CETME-Gewehr 1959 Standardwaffe der Bundeswehr, wobei die Hardthöhe noch einige Änderungs- bzw. Ergänzungswünsche hatte, darunter die Möglichkeit zur schnellen Montage eines Zielfernrohrs. Neben den Ausführungen mit festem Kolben wurde u.a. für Fallschirm- und Gebirgsjäger eine Variante *G 3 A4* mit einschiebbarer Schulterstütze gefertigt.

In Folge führten etwa 15 Länder das *G 3* offiziell ein, teilweise erhielten sie die Lizenz zur Fertigung.

Auf *G 3*-Basis entwickelte Heckler & Koch später lMG-Varianten, das Scharfschützen-Gewehr *MSG 90* oder das *PSG 1*. Die Pistole *P 9 S* mit Rollenverschluß entstand auf Anregung Schwedens hin. Ein ganz großer Wurf gelang mit der Maschinenpistole *MP 5,* die nach wie vor bei den Spezialeinheiten der Welt als erste Wahl gilt.

Obwohl die Oberndorfer auch das *HK 33* als handlichere Variante des *G 3* im aktuellen NATO-Kaliber .223 Rem anbieten, sind die Tage des Rollenverschlusses bei der Bundeswehr gezählt. Denn seit 1997 ersetzt das *Heckler & Koch 50* alias *G 36* (siehe *G 8)* nach und nach das *G 3*, dessen Kaliber – zumindest für den normalen infanteristischen Gebrauch – mittlerweile als zu stark angesehen wird.

■ *Als Zubehör findet sich auf dem Sammlermarkt gelegentlich das originale KK-Wechselsystem das G 3 im Holzkasten. Der Preis liegt bei etwa 1100 Mark.*

■ *Statt eines Halbautomaten können Reservisten auf Bundeswehr-Ständen auch G 3-Sturmgewehre nutzen.*

Heckler & Koch SL 6, SL 7; Jagdbüchsen HK 630, 770 und 940

Ziviler geht's nicht – dieser Spruch ist bei den Selbstlademodellen von Heckler & Koch durchaus angebracht. Denn nach dem Verbot des HK 41 wollten die Oberndorfer eine Waffenserie für Reservisten auf den Markt bringen, die keinerlei Anscheinsmerkmale aufwies. Im Grunde behielt das Werk lediglich den Rollenverschluß bei, um den herum ein völlig neues Verschlußgehäuse entstand. Damit den Reservisten weiterhin die gewohnte Visierung mit Trommel-Lochkimme zur Verfügung stand, fand sie sich einschließlich G3-Korn auch an den SL-Gewehren wieder.

Neben den Wehrübenden sahen die Oberndorfer ebenfalls die Jäger als mögliche Kundengruppe, für die ebenfalls auf dem Rollenverschluß basierende, jagdlich geschäftete Büchsen entstanden. Statt der Lochvisierung verfügen die Modelle 630, 770 und 940 über eine Klappkimme mit Rechteckausschnitt, der mit einem Balkenkorn ohne Tunnel korrespondiert. Die Lichtspalte sind dabei so weit gehalten, daß sich die Zielhilfe für den schnellen Schuß auf der Drückjagd eignet. Ansonsten verfügen sämtliche HK-Großkaliber-Selbstlader über zwei Nuten im Gehäusedeckel, in welche die hauseigene Spannmontage (etwa 500 Mark) greift. Das Modell 940 gab es in geringen Stückzahlen auch als »K«- (Kurz-) Version mit einem nur etwa 40 Zentimeter langen Lauf, was die Waffe auf rund einen Meter verkürzte.

Käufer eines der Gewehre können sich über die Heckler & Koch-typisch einwandfreie Verarbeitung freuen. Dabei kommen die Reservistenwaffen mit mattschwarzer Oberfläche, die Jagdmodelle gemäß dem Geschmack der Mehrheit der Hubertus-Jünger mit glänzend brünierter Oberfläche. Irgendwie mutet es dabei seltsam an, daß gerade die Jagdwaffen mit einem Mündungsfeuer-Dämpfer geliefert wurden, der gleichzeitig den Kornsockel trägt und damit Waffe und Ziellinie um 4,5 Zenti-

Steckbrief:	SL 6/7	630	770	940
• Hersteller:	Heckler & Koch, Oberndorf			
• Kaliber:	.223 Rem/.308 Win	.223 Rem	.308 Win	.30-06
• System:	Rückstoßlader mit beweglich abgestütztem (halbstarrem) Rollenverschluß			
• Magazinkapazität:	5	5	5	5
• Lauflänge (mm):	450	450	500	550
• Gesamtlänge (mm):	1020	1065	1115	1160
• Visierlänge (mm):	658	480	530	475
• Gewicht:	3950	3450	3600	3900
• Preis 1999 ca.(DM/Euro)	2500,-/1275,-	1800,-/920,-	1800,-/920,-	1800,-/920,-

meter verlängert. Jedoch verhindert der Dämpfer, daß der Waidmann bei schlechtem Licht vom Mündungsblitz geblendet wird und so ununterbrochen das Gelände überblicken kann.

Als Kritikpunkte der gesamten Waffenreihe stellten sich vor allem der äußerst schwergängige Ladehebel sowie das schwierige Zerlegen heraus, das wirklich Geduld verlangt. Vor dem Ausschäften des Systems muß der HK-Besitzer erst vier Inbusschrauben herausdrehen und den Sicherungsdrücker mit dem Schraubenzieher heraushebeln. Wer jetzt die Verschluß-/Laufeinheit nach oben herausnehmen will, dem purzeln erst einmal zwei Distanzstücke sowie das Blech des Magazinhalters heraus. Als nächstes gilt es, die fünfte Schraube hinten aus dem Gehäusedeckel zu drehen. Erst dann läßt sich das Oberteil abnehmen und gibt den Weg zum Verschluß frei – beim HK 41 genügte es, zwei Bolzen herauszudrücken. Ein Glück, daß die Zivilisten auch ohne ständiges Reinigen des Systems einwandfrei funktionieren. Nach dem Schießen reicht das Reinigen des Laufs.

Wer damit leben kann, erhält für sein Geld jedoch ein sehr gut verarbeitetes und genau schießendes Gewehr. Genau deshalb konnten sich das SL 6/7 auf breiter Front bei den Reservisten und vielen Sportschützen durchsetzen. In der 223er-Version sind mit der richtigen Munition (Winchester Match, 69 grs) oder Handladungen auf 100 Meter sogar Fünf-Schuß-Streukreise unter 30 Millimeter drin und auch die Drei-Null-Acht kommt ab Werk auf unter 50 Millimeter.

■ ***Oben die Jagdbüchse Heckler & Koch 630, darunter das SL 6 für Sportschützen.***

Stärken

- Sehr gute Schußleistung
- Ansprechende Verarbeitung
- Sehr gute Lochvisierung (SL)

Schwächen

- Schwergängiger Verschluß
- Schwieriges Zerlegen

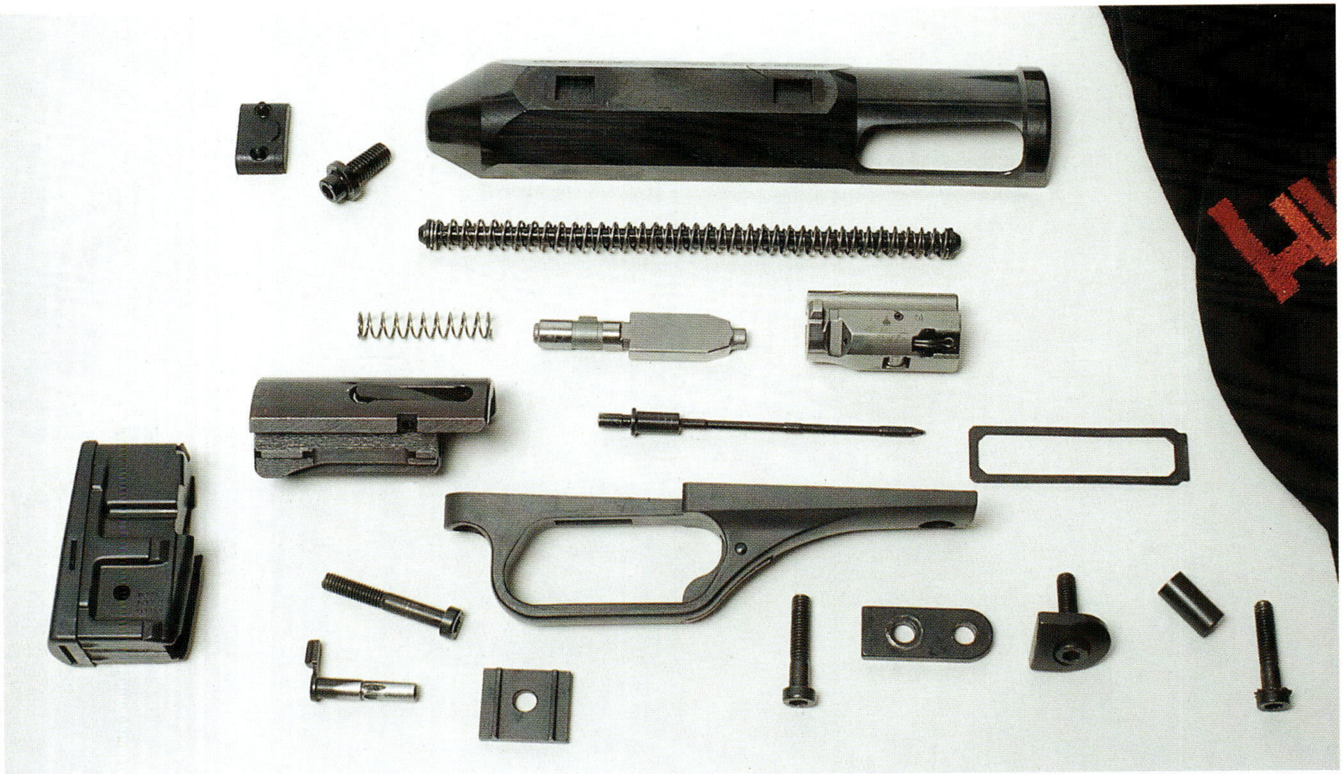

■ Die Vielzahl der Teile im Bereich von Abzugsbügel und Verschlußgehäuse läßt die aufwendige Zerlege-Prozedur erahnen.

■ Rechts vom Verschlußträger liegt der Verschlußkopf mit den Rollen und das Riegelstück, das beim Verriegeln die Rollen auseinanderpreßt.

■ Während die Jagd-Ausführungen (oben) über ein einfaches Kimmenblatt verfügen, montierte Heckler & Koch auf die SL-Gewehre die G 3-Trommelvisierung. Die massiven Gehäusedeckel beider Typen tragen auf ihrer Oberseite Aussparungen für die HK-Spannmontage.

Heckler & Koch SL 8

Eigentlich war es für die Bundeswehr Ende der 90er Jahre höchste Zeit für Sturmgewehre im aktuellen NATO-Standardkaliber 5,56 x 45 mm (.223 Remington). Schließlich zogen die wichtigsten westlichen Nachbarn schon seit Jahren mit ihren kleinkalibrigen Waffen ins Manöver oder in UN-Blauhelm-Einsätze, während die Bundeswehr noch ihr G 3 in 7,62 x 51 mm führte – ein Widerspruch zur Forderung nach einer einheitlichen Munition, mit der sich die NATO-Partner notfalls gegenseitig versorgen sollen*.

* Dabei bleibt allerdings zu berücksichtigten, daß die Gruppen- und Zug-Maschinengewehre dieser Armeen ebenfalls das Kaliber 7,62 x 51 beibehielten, oder – wie im Falle der US-Marines – inzwischen wieder auf dieses leistungsfähige Kaliber zurückkamen. 5,56 x 45 ist kein »Wunderkaliber« und manche Armeen und Einheiten weinen inzwischen ihren zwar rückstoßstärkeren, aber insgesamt leistungsfähigeren Sturmgewehren in 7,62 x 51 nach.

Steckbrief:	**SL 8**
• Hersteller:	Heckler & Koch, Oberndorf
• Kaliber:	.223 Rem
• System:	Gasdrucklader mit Drehriegel
• Magazinkapazität:	10
• Lauflänge (mm):	480
• Gesamtlänge (mm):	980 (länger mit Distanzstücken)
• Visierlänge (mm):	485
• Gewicht:	4050
• Preis 1999 ca.(DM/Euro)	2850,-/1470,-

Bei der ersten offiziellen Vorstellung des Kommando Spezialkräfte (KSK) der Bundeswehr, die im September 1997 auf dem Truppenübungsplatz Baumholder stattfand, präsentierten die Elite-Soldaten bereits das brandneue G 36.

Stärken	**Schwächen**
• Sehr gute Schußleistung • Hohe Qualität	• Nach Vorschrift etwas klobiger Hinterschaft • Hohe ZF-Montage bei großen Objektiven nötig

Die Entscheidung für das von Heckler & Koch entwickelte *HK 50* fiel Anfang 1995 gegen zehn internationale Konkurrenten, von denen neben dem HK das österreichische Steyr AUG in die letzte Runde kam. Schließlich entschloß sich das Bundesministerium für Verteidigung (BMVg), den Auftrag einem einheimischen Unternehmen zu erteilen. Im Hinblick auf unsere knappen Arbeitsplätze eine richtige Entscheidung.

Im Unterschied zum G 3 (siehe auch Seite 23) bestehen beim HK 50 lediglich Lauf, Gassystem, Verschluß, Verschlußträger, Abzugseinrichtung sowie ein paar Bolzen, Schrauben und Verstärkungsstreben aus Metall, der Rest kommt in Kunststoff-Ausführung. Unter dem Strich bringt das Gewehr daher nur 3,6 Kilo auf die Waage, etwa 800 Gramm weniger als das G 3. Zunächst erhielt das in der Schwarzwaldstadt Calw neu aufgestellte *Kommando Spezialkräfte (KSK)* die bei der Bundeswehr als *G 36* bezeichneten Gewehre, von denen einige bei der ersten öffentlichen Präsentation der Truppe im September 1997 zu sehen waren.

Damit war eine passende Reservistenwaffe fällig, die gleichzeitig die zivilen Sportschützen ansprechen sollte. Aufgrund des Anscheins-Paragraphen fiel auch bei dieser Waffe eine den Vorgaben konforme Lösung nicht leicht. Wieviel Fachkenntnis manche Leute in gewissen Behörden besitzen, bewies die Forderung des Waffensachverständigen des LKA Wiesbaden, des Ersten Kriminalhauptkommissar Jürgen Stengl, nach einem hellgrauen Schaft.

Heraus kam jedenfalls ein Gewehr, das auf den ersten Blick ziemlich eckig, zerklüftet und damit wenig ansprechend aus-

sieht. Allerdings geht es dann wie mit manchen Automobilen: Nachdem man das *SL 8* einige Tage immer wieder anschaut und sich mit ihm auseinandersetzt, gefällt die Schwarzwälderin ständig besser. Was blieb, war das insgesamt etwas klotzige Aussehen, das durch das kleine Daumenloch im Lochschaft (Gruß aus Wiesbaden) und die lange Visierschiene über dem System entsteht. Ansonsten wäre das *SL 8* eine recht schlanke Waffe.

Zumindest am Punkt »freiliegendes Systemgehäuse« konnten sich die Sittenwächter des Anscheins nicht aufhängen. Denn es besteht wie Vorderschaft, Magazinschacht und Lochschaft nicht aus Stahl oder Aluminium sondern aus Kunststoff und fügt sich somit unauffällig in das Gesamtbild ein. Über annähernd der gesamten Länge von Systemgehäuse und Vorderschaft liegt die ebenfalls aus Kunststoff gespritzte Schiene mit *Weaver*-Profil. Neben der standardmäßg gelieferten Lochkimme sowie dem Korn nimmt sie genauso die in verschiedensten ein- und zweiteiligen Ausführungen erhältlichen *Weaver*-Zielfernrohr- oder Leuchtpunktmontagen auf. Allerdings muß die Montage bereits bei Zielfernrohren ab etwa 40 Millimeter Objektivdurchmesser recht hoch ausfallen, damit die Optik vorn nicht die Schiene berührt. Das verhindert im Unterschied zu kurzen Schienen wie beim *AR-15* eine angenehm niedrige Montage, und der Schütze muß den Hals etwas recken oder die beiden mitgelieferten Distanzstücke unter die Wangenauflage klemmen. Eleganter geht es mit dünneren Zielfernrohren oder mit der als Zubehör erhältlichen G 36-Optik von Hensoldt, die allerdings nur dreifach vergrößert. Eine Lösung wäre eine kürzere Schiene, die dem Objektiv nicht im Weg liegt.

Insgesamt erwies sich der »G 36-Zivilist« als sehr gut ausbalanciert. Je nach Körperbau können Schützen die Wangenauflage und die Schulterstütze mit Distanzstücken individuell anpassen. Der breite Drücker des Magazinfangs überzeugt beim Zugriff von links und rechts selbst mit Handschuhen bei Eiseskälte, dasselbe gilt für den Verschlußfangknopf im Abzugsbügel. Zudem liegt der beidseitige Sicherungsflügel griffgünstig in Reichweite des Daumens, der bei kleineren Händen das Bedien-

Links:
■ *Durch die aufgesetzte Weaver-Schiene wird das SL 8 sehr hoch. Die Lochkimme ist falschherum aufgeschoben, ansonsten läßt sich beim Zusammensetzen des Gewehrs eigentlich nichts falsch machen.*

Rechts oben:
■ *Der hinten im Griffstück eingesetzte helle Gummipuffer fängt den zurückrasenden Verschlußträger ab. Vorn im gespannten Schlagstück liegt die aus Verschleißgründen eingesetzte kleine Stahlplatte.*

Rechts unten:
■ *Vom Aufbau her erinnert der Verschluß stark an die Konstruktion des amerikanischen M 16.*

Abgesehen von Lauf, Gassystem, Verschluß sowie einigen Kleinteilen besteht das SL 8 aus hochfesten Kunststoffteilen.

teil jedoch nicht durch das Daumenloch im Schaft erreicht und es auf der anderen Seite drücken muß. Leider preßt sich die Spitze des Flügels im Anschlag unangenehm in den Bereich des unteren Daumengelenks.

Das Laden des zehnschüssigen Magazins geht von der ersten bis zur letzten Patrone sehr leicht von der Hand, wobei der durchsichtige Kunststoff über die Füllung des Speichers informiert. Rechts- und Linksschützen liegt der federnd gelagerte und auf beide Seiten ausschwenk- und feststellbare Spanngriff gleichermaßen gut in der Hand. Eine Nase hinter dem Auswurffenster weist die herausfliegenden Hülsen weit von den Gesicht des Schützen. Beim Blick durch die Visierung fühlen sich G 3- oder SL 6/7-Schützen sofort wohl. Wie bei diesen Modellen korrespondiert die SL 8-Lochkimme bestens mit dem Tunnel des Balkenkorns, wobei die hintere Zielhilfe über zwei Blätter für 100 und 300 Meter verfügt. Das breite Abzugszüngel bietet dem Daumen eine angenehme Auflage und auch die trockene Abzugscharakteristik mit einem Widerstand von 2300 Gramm ist für eine Reservistenwaffe gut gelungen. Pingelige Schützen mögen sich einen etwas leichteren Abzug wünschen, was der Büchsenmacher mit wenig Aufwand richten kann.

Bedingt durch das recht hohe Waffengewicht, das Kaliber und den tief angebrachten, an der Mündung 20 Millimeter starken Lauf erwies sich das Schießen erwartungsgemäß als sehr schulterschonend. Zudem sprang die Mündung im Schuß kaum hoch. Die feste Visierung erwies sich wie beim G 3 als sehr brauchbar, das Verstellen der Hensoldt-Optik bereitete dagegen mangels Klicks ziemliche Mühe. Andererseits läßt sich der Scheibenspiegel durch das runde Absehen mit Fadenkreuz gut einmitteln. Trotzdem empfiehlt sich für das Scheibenschießen (falls die Disziplin es erlaubt) eher ein normales Zielfernrohr. Mit einer Optik von Leupold erzielte das SL 8 mit unterschiedlichsten Munitionssorten Trefferbilder zwischen 25 und 80 Millimeter pro fünf Schuß, der Großteil kam auf Werte von 30 bis 45 Millimeter – eine ernstzunehmende Matchwaffe also.

Das Zerlegen zum Reinigen funktioniert ohne Schwierigkeiten, wobei der im Lieferumfang enthaltene Werkzeugsatz in

Taschenmesserform wirklich Freude bereitet. Selbst die Demontage der Verschluß/Trägereinheit klappt einfach durch das Herausdrücken eines Bolzens. Wie beim Entnehmen des Verschlußträgers sofort zu erkennen ist, läuft er ungewöhnlicherweise auf zwei Kunststoffschienen statt auf Metall. Als einziges störte die Schweißnaht der oberen Abdeckung der Spannhebel-Federmechanik das ansonsten von Heckler & Koch gewohnte, sehr saubere Gesamtbild der Waffe. Mit seinen sechs Warzen erinnert der Verschlußkopf ein wenig an den des *M 16* (siehe Seite 114), das allerdings über sieben Warzen verfügt. Weitere Ähnlichkeiten finden sich in Form und Befestigung des Schlagbolzens.

Anders das Gassystem, bei dem der SL 8-Kolben wie beim Auto über Kolbenringe zum Zylinder abdichtet und dadurch mit einem saugenden Gefühl läuft. Der Kolben stößt im Schuß die Gasstange an, die wiederum den Verschlußträger durch einen Schubs nach hinten wirft. Stange und Rückholfeder sind fest miteinander verbunden, wodurch weniger Teile verlorengehen können.

Wer sein SL 8 zusammenbaut, muß beim Einsetzen der Verschluß/Trägereinheit darauf achten, daß die Steuernocke des Verschlußkopfes unten am vordersten Anschlag liegt. Sonst versperrt der Bolzen den Weg. Diesen Hinweis sucht der Leser in der ansonsten sehr guten Gebrauchsanleitung leider vergebens. Übrigens konnte ich keine Möglichkeit finden, irgendetwas falsch zusammenzusetzen (abgesehen von Kimme und Korn, was bei der hinteren Zielhilfe nach dem Umbau von Zielfernrohr auf feste Visierung tatsächlich auch passierte).

Mit Sicherheit verdrängt der G 36-Ableger seinen Vorgänger *SL 6* (siehe Seite 30), der spätestens jetzt ziemlich antiquiert wirkt. Und wer das aufwendige Zerlegen leid ist, aber nicht auf eine HK-Waffe verzichten möchte, tauscht es bestimmt gegen das aktuelle Modell – sofern er oder sie mit »Plastik statt *Heavy Metal*« kein Problem hat.

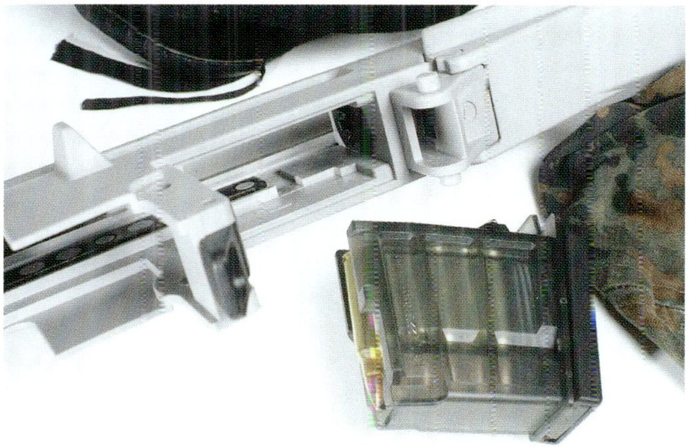

Oben:

■ ***Voller Durchblick: Das Kunststoff-Magazin zeigt auf einen Blick die Zahl der geladenen Patronen. Am Eingang zum Patronenlager sind im Verschlußgehäuse deutlich die Aussparungen für die Verschlußwarzen zu erkennen.***

Mitte:

■ ***Der Lauf ist innen hartverchromt. Links neben Lochkimme (hier verkehrt montiert) und Korn liegt das kleine Hensoldt-Zielfernrohr mit Kunststoff-Gehäuse.***

Unten:

■ ***Der Gaskolben dichtet mit Kolbenringen gegen die Zylinderwandung ab.***

Walther WA 2000

Timothy Dalton alias James Bond stand in dem Film *Der Hauch des Todes* der *Walther-Automat (WA) 2000* schußbereit aufgebaut zur Verfügung. Kein Wunder: Denn kaum jemand schleppt gerne ein über acht Kilogramm schweres Trumm mit sich herum. Wer es trotzdem möchte und mehr als 10.000 Mark aufbringen kann, erhält mit dem WA etwas ganz Besonderes. Die etwa 50 gefertigten Exemplare dieser Baureihe unterscheiden sich bereits auf den ersten Blick von anderen Selbstladern: Sein charakteristisches Erscheinungsbild erhält das *WA 2000* durch seine Rahmenbauweise. Die Länge beträgt aufgrund der *Bullpup*-Ausführung nur knapp einen Meter. Lästerer bezeichnen das Gewehr aus Ulm schlicht als klobigen Kasten, Liebhaber ausgefallener Konstruktionen sehen darin eine auf Spitzenleistung getrimmte Schießmaschine. Wie so oft liegt auch hier die Wahrheit irgendwo in der Mitte; denn einmal im einbruchssicheren Keller untergebracht oder auf dem Schießstand aufs werksseitig montierte Zweibein gestellt, verliert das Gewicht seinen Schrecken. Außerdem fängt die hohe Masse einen großen Teil des Rückstoßes ab. Dies macht selbst das Schießen größerer Serien zum Vergnügen. Das gilt selbst für das leistungsstarke Kaliber .300 WinMag, für das die Walther-Konstrukteure die Waffe ursprünglich auslegten. Darüber hinaus erlaubt der Tausch von Lauf, Verschluß und Magazin den Wechsel auf die Kaliber .308 Win und die 7,5 x 55 mm aus der Schweiz. Nicht zuletzt überträgt der tiefliegende Lauf den Rückstoß direkt in die Schul-

ter, wodurch das Gewehr im Schuß kaum nach oben springt: Ein wichtiger Faktor für gute Schußpräzision, der zu der ungewöhnlichen Bauart führte. Zudem verringert das hohe Gewicht mögliche Waffenbewegungen.

Trotzdem schießen handlichere Waffen mindestens genauso präzise und kosten zum Teil nur ein Fünftel. Allerdings ist das *WA 2000* für Sammler durch seinen technischen Aufbau ein Leckerbissen. Zwei Vierkant-Hohlprofile aus Aluminium bilden den Rahmen für die gesamte Konstruktion, die (im positiven Sinne) wie aus einem Baukasten zusammengesetzt wirkt. In der hinteren Hälfte nimmt der Rahmen den Kasten für Abzug, Spannhebel und Führung sowie schließlich das Verschlußgehäuse auf. Beide Teile bestehen – wie viele weitere, im Schuß gering belastete Elemente – wiederum aus Aluminium. Den kanellierten Lauf, Verschluß und Spannstangen fertigte Walther dagegen aus

Steckbrief: WA 2000

- Hersteller: Carl Walther, Ulm
- Kaliber: .300 WinMag, .308 Win, 7,5 x 55 mm
- System: Gasdrucklader mit Drehriegel
- Magazinkapazität: 5/6/6
- Lauflänge (mm): 650
- Gesamtlänge (mm): 995
- Gewicht (g): 8200 ohne ZF und Montage
- Preis 1999 ca. (DM/Euro) 10 000 - 14 000,-/5100 - 7150,- (mit ZF)

Stahl. Zwischen den beiden Trägern liegt das vorn zwischen den Verbindungsstreben frei schwingende Rohr, an das sich der Mündungsfeuerdämpfer anschließt. Er sollte gleichzeitig als Rückstoßdämpfer dienen. Allerdings erwies sich die in der Bedienungsanleitung noch mit 50 Prozent rückstoßmindernder Wirkung angepriesene Mündungsbremse mit Hülse als Fehlkonstruktion. Denn der Aufsatz versperrte den umgeleiteten Gasen den Weg und machte somit die Funktion zunichte, weshalb sie bei späteren Ausführungen wegfiel.

Vorder- und Hinter(loch)schaft sowie die Wangenauflage halten wie Zweibein und Zielfernrohr-Montage über Inbusschrauben ebenfalls am Rahmen, wobei sich die Wangenauflage zum Schießen von der linken Schulter entsprechend umdrehen läßt. Generell ermöglicht das Walther zumindest theoretisch den Wechsel von rechts auf links, da sich Spann- und Sicherungshebel, Auswurffenster und die Aussparung für den Verschlußfang an beiden Seiten finden. Die Wechselmöglichkeit blieb jedoch in der Praxis auf der Strecke, da nie entsprechende Verschlüsse auf den Markt kamen. Immerhin konnte der Schütze die in Höhe und Länge justierbare Schaftkappe aus Gummi auf seinen Körperbau einstellen. Der Träger der Abschlußkappe läßt sich um zweieinhalb Zentimeter aus der Konstruktion herausziehen, wobei sich der Abstand zwischen Kappe und Abzug stufenweise entsprechend verlängert. Zudem besitzt der Abschluß einen Spielraum von fünf Zentimetern.

Der Kopf des 60-Grad-Drehriegelverschlusses trägt mit seinen sieben Warzen unverkennbar die Handschrift des Fichtenberger Konstrukteurs Dieter Keppeler. Entsprechende Ausführungen fanden sich bereits beim Walther *Jagdrepetierer (JR)* und setzen sich bis heute in den *Keppeler*-Präzisionsgewehren fort. Während andere Selbstlader das Gas üblicherweise im vorderen Drittel des Laufs abzapfen, setzte Walther die Bohrung in die hintere Hälfte.

■ ***Die Rahmenbauweise verleiht dem WA 2000 seine unverwechselbare Form.***

■ *Ein Präzisionsschütze des in Göppingen stationierten* **Spezialeinsatzkommandos (SEK)** *von Baden-Württemberg mit einem WA 2000. Es besitzt einen offenen Mündungsfeuerdämpfer.*

Das *WA 2000* entstand Anfang der 80er Jahre auf Wunsch von *Präzisionsschützen-Kommandos (PSK)* der Polizei innerhalb von nicht einmal zwei Jahren. Im Unterschied zu einem Repetierer sollte der Halbautomat einen schnellen zweiten oder noch mehr Schüsse auf bewegliche Ziele erlauben und dabei ebenso genau schießen wie eine von Hand nachzuladende Waffe. Damit standen höchste Fertigungspräzision und enge Toleranzen im Vordergrund, die schließlich zu wiederholbaren Fünf-Schuß-Gruppen zwischen 20 und 35 Millimeter mit ordentlicher Matchmunition führten. Die .300 WinMag lieferte naturgemäß etwas größere Trefferbilder, was durch eine spezielle, sanftere Laborierung des Herstellers Norma etwas verbessert wurde. Der 1982 vorgestellte Prototyp sorgte schließlich durch das »*Starwars*«-mäßige Äußere für Aufsehen, was jedoch den Flop der Waffe nicht verhinderte. Nach insgesamt nur 50 gefertigten Gewehren in verschiedenen Entwicklungsstufen, endete die Fertigung um 1984 sang- und klanglos. Da war »2000« wohl doch etwas zu hoch gegriffen.

■ *An der zerlegten Waffe erkennt man, wie die Walther-Konstrukteure die Anbauteile modular an der oberen und unteren Profilschiene befestigten. Auch das Zweibein und der vordere Halter des Trageriemens sind mit gesonderten Teilen an der oberen Schiene angeschraubt.*

■ *Aufgrund des hohen Waffengewichts ist der Gewehrriemen mit einem dicken Schulterpolster ausgestattet. Er erlaubt das waagerechte Tragen des WA 2000, gewissermaßen im Hüftanschlag.*

■ *Nach Abnehmen der Schaftkappe läßt sich der Verschlußträger aus dem Gehäuse ziehen.*

■ *Der Verschluß besitzt sieben Warzen und stammt unverkennbar vom Zeichenbrett des Konstrukteurs Dieter Keppeler.*

Stärken	Schwächen
• Absolut seltene Sammlerwaffe • Ausgefallene Konstruktion • Sehr gute Schußleistung (.308 Win)	• Hohes Gewicht • Sehr teuer

OSTBLOCK-STAATEN, GRUPPE AK 47

WUM-I, WUM Sporter und SLG 94

Kaum eine Zivilwaffe dürfte bei ihrer ersten Präsentation so viel Aufmerksamkeit erregt haben wie das *WUM-I* der Erfurter Firma Waffen und Munition. Denn das 87 Zentimeter kurze Gewehrchen im Kaliber 7,62 x 39 mm bestand aus einem halbautomatischen System, das ursprünglich der berühmte russische Konstrukteur Michail Kalaschnikow aufs Reißbrett zeichnete. Im Falle *WUM-I* kommt das auf Blechprägeteilen basierende *AKM*-System (siehe Kasten) aus Rumänien. Das Gewehr besitzt den Lochschaft des rumänischen *FPK-Scharfschützengewehrs* sowie einen Vorderschaft, dessen Handschutz gesetzeskonform die AK-typischen Lüftungsschlitze fehlten. Damit die Hüter des Paragraphen 37 vollends stillhielten, saß das Korn um 180 Grad herumgedreht über der Mündung.

Zunächst sah im Herbst 1992 alles positiv aus, denn die LKA's von Rheinland-Pfalz und Thüringen erblickten im vorgelegten Musterstück keine Kriegswaffe und die Waffe verkaufte sich wie die berühmten warmen Semmeln. Noch Mitte November des Jahres sahen auch weder das LKA Nordrhein-Westfalen noch das BKA oder das Bundesministerium für Wirtschaft ein Problem. Doch wie so oft beim 37er, kam der Hammer dank kurzfristig geänderter Meinung kurz darauf: Nach nur etwa zwei Wochen

Von oben: WUM-I, WUM Sporter und die aktuelle Version des SLG 94. Der Besitzer des Sporter schrägte den Vorderschaft vorn wie beim Valmet Hunter ab und füllte die Vorderseite des Griffs im Lochschaft mit Autospachtel auf. Durch diese Maßnahmen sieht die Schäftung gefälliger aus und füllt besser die Schußhand. Eigentlich gehört zum WUM-I ein rumänisches FPK-Zielfernrohr, hier trägt das Gewehr jedoch das russische PSO-1.

Steckbrief:	WUM-I	WUM Sporter	SLG 94 (1)	SLG 94 (2)
• Kaliber:	7,62 x 39 mm			
• System:	Gasdrucklader mit Drehriegelverschluß			
• Magazinkapazität:	5	5	5	5
• Lauflänge (mm):	415	415	415	415
• Gesamtlänge (mm):	870	915	915	935
• Visierlänge (mm):	376	376	376	376
• Gewicht:	3250	3600	3650	4050
• Preis 1999 ca. (DM/Euro):	3000,-/1530,-	2400,-/1225,-	1800,-/920,-	1650,-/840,-

galt das unter anderem in der Schweiz auch unter der Bezeichnung *Mini-Dragunow* angepriesene Gewehr als verbotener Gegenstand, den es nur noch aus zweiter Hand mit Sonderbewilligung oder als Teilesatz gab. Übrigens ist der Bezug auf das russische Scharfschützen-Gewehr »voll daneben«, da ein *FPK* kaum etwas mit der russischen Konstruktion gemein hat.

Der nächste Anlauf fand mit dem *WUM Sporter* statt, dessen Vorderschaft dem der in der Ex-DDR produzierten *Speger*-Jagdbüchsen glich (siehe Seite 53). Er verdeckte jetzt das Gasgestänge und der neue Hinterschaft besaß eine eher jagdliche Backe. Jedoch lag nach wie vor das Systemgehäuse frei. Dies

■ *Während WUM-I und SLG 94 den vorderen Riemenbügel behalten durften, fiel er beim Sporter der Säge zum Opfer. Das Gewinde für die Mündungsmutter fehlt hingegen beim SLG, dessen Korn wie beim AKM »richtig« auf dem Lauf sitzt.*

erregte zuerst in Bayern Anstoß. Darauf sollte von der Wittener Firma Wiegand eine Variante namens *SLG 94* mit der gleichen, jedoch durchgehenden Schäftung den Markt bereichern.

Beide Versionen besaßen einen Griff im Hinterschaft, der wie beim Sporter viel zu dünn für einen sicheren Halt im Anschlag ausfiel. Einige Waffenbesitzer fütterten die entsprechende Stelle schließlich mit Autospachtelmasse auf. Zudem eignete sich die hohe und breite Schaftbacke für das Schießen über ein mittels Seitenmontage angebrachtes Dragunow-Zielfernrohr.

Der Verkauf des **S**elbst**l**ade**g**ewehrs 94 verzögerte sich gewaltig, da der bayerische Zoll im März 1994 60 Gewehrsysteme an der Grenze abfing. Erst im Juli 1995 durften sie die Obhut der weiß-blauen Behörden wieder verlassen. Die letzten möglichen Angriffspunkte für den üblen Anschein räumte der jetzt das *SLG 94* anbietende Essener Fachhändler Bernd Schulze Struchtrup mit einem klotzigen Schichtholzschaft aus. Damit läutete er die »Bahnschwellen«-Phase ein, in der auch weitere Selbstladesysteme regelrecht im Holz versanken. Diese, für den Geschmack vieler Schützen wenig ansehnlichen Waffen, hatten jegliche Eleganz eingebüßt – den Behörden sei Dank. Und damit niemand verwerflicherweise einen Mündungsfeuerdämpfer oder ein Manöverpatronengerät zum halbautomatischen Verschießen von Platzpatronen aufschrauben kann, erhielt die Mündungsmutter am Übergang zum Lauf einen Schweißpunkt.

Gleich komplett abgedreht zeigt sich das Gewinde an Struchtrups neuester Variante des *SLG 94.* Sie kommt in einem viel schlankeren und ansehnlicheren Gewand, mit einem vergleichsweise schlanken Schichtholz-Schaft des württembergischen Herstellers Zahner. Im Unterschied zu den Vorgängern sitzt der Kornsockel entsprechend den normalen AKs jetzt mit der senkrechten Seite nach vorn auf dem Lauf.

Ein Vorteil der durchgehenden Schäfte der beiden letzten *SLG 94* liegt in ihrer besseren Schußleistung. Im Unterschied zu ihren Vorgängern hängt der Schaft nicht mehr am Lauf, sondern das Rohr kann jetzt freier schwingen, was jedoch vom Gassystem

■ *Die wenigen Bauteile des Kalaschnikow-Systems vereinfachen das Zerlegen und Reinigen ungemein, was Schützen immer wieder begeistert.*

her nach wie vor nur eingeschränkt funktioniert. Erreichten die Urmodelle unter Einsatz verschiedenster Munitionssorten mit Mühe und Not wenig begeisternde Streukreise zwischen 90 und 120 Millimeter, so reduzierten sie sich mit dem halbwegs freien Lauf wenigstens bis auf knapp sieben Zentimeter Andere, für die Kurzpatrone ausgelegte Modelle, schaffen es meist auch nicht besser – außer dem *VZ 52/57* und dem *Rashid* (siehe Seite 80 und Seite 126), die beide etwa 60 Millimeter bringen.

Die stählernen Bauteile aller *WUM-I*-Versionen präsentieren sich nur sehr grob bearbeitet, das kann auch die als Oberflächenschutz aufgetragene Phosphatierung nur wenig kaschieren: Frässpuren soweit das Auge blickt. Für einen Kaufpreis jenseits der ursprünglich etwa 1500 Mark darf man eigentlich mehr erwarten, was auch für das nur grob an System und Kunststoff-Schaftkappe angepaßte Schaftholz gilt. Wie bei den Militärwaffen kommt der Lauf mit hartverchromter Seele, die sehr gut vor durch Wasser oder korrosive Zündsätze verursachten Rost schützt.

Anders als beim AK verfügt der Sicherungshebel nur über zwei Positionen. In seiner unteren Stellung ist die Waffe feuerbereit und nach oben geschwenkt gesichert, wobei der Hebel jetzt gleichzeitig als Staubschutz fungiert und das Innenleben der Waffe verdeckt, sowie den Ladehebel blockiert. Jedoch ist der Deckel nichts neues: FN setzte ihn bei gleicher Funktion fast ein halbes Jahrhundert vorher bei seinem *Modell 1900* ein.

Zerlegen

- Magazin entnehmen
- Patronenlager leeren
- Knopf hinten am Systemdeckel drücken und Abdeckung abheben
- Federführung nach vorn pressen, anheben und nach hinten herausziehen
- Verschlußträger bis zum Anschlag zurückziehen und nach oben herausnehmen
- Entriegelungshebel des Gasrohrs rechts am Kimmensockel nach vorn schwenken. Rohr abnehmen.

Auf die linke Systemseite nieteten die Rumänen eine Prismenschiene an, die Zielfernrohre vom Typ der *Dragunow*-Optiken oder eine Montage für andere Zielhilfen mit Durchblick aufnimmt. Allerdings liegen die ZF's etwas links von der Gehäusemitte, was das Zielen erschwert. Besser ist der Schütze mit einer

Montage des Herstellers B-Square dran, die wie eine Brücke das Gehäuse überspannt und das Zielfernrohr in der Mitte fixiert.

Die offene Visierung bietet dem Schützen ein gutes Zielbild mit nicht allzu weiten Lichtspalten. Wer die offene Zielhilfe verstellen möchte, verschiebt zur Höhenänderung einfach die Tangentialkimme, die Seitenkorrektur funktioniert am besten mit einem speziellen Korntreiber. Das Teil gibt es gelegentlich auf Waffenbörsen. Sollte der Lack eines Schafts unangenehm riechen, was bei WUM-Ablegern wie dem Sporter vorkommt, empfiehlt sich das Abbeizen der dicken Schicht. Schließlich läßt der Duft schnell den Gedanken an Gartenzaunfarbe und mögliche Gesundheitsschäden aufkommen.

Unangenehm macht sich in aller Regel auch der scharfkantige Magazinhalter bemerkbar, der zudem viel Widerstand entgegensetzt. Als gewöhnungsbedürftig präsentiert sich ebenfalls die Abzugscharakteristik. Wie bei militärischen Kalaschnikow-Systemen üblich, verfügt die Mechanik über keinen klaren Widerstand vor dem Auslösepunkt. Vielmehr läuft (oder besser gesagt kratzt) das Züngel über einen vier Millimeter weiten Weg, bis das Schlagstück – gewissermaßen überraschend – auslöst.

■ *Michail Kalaschnikow, der Welt berühmtester Sturmgewehr-Konstrukteur, mit seinem »Baby«.*

Die Kalaschnikow

Drei Waffenmodelle dürfte fast jeder Normalbürger kennen: Aus Westernfilmen den Colt als Synonym für Revolver sowie den Winchester-Unterhebelrepetierer, der durch John Wayne Berühmtheit erlangte. Beide stehen jedoch im Schatten des Kalaschnikow-Sturmgewehrs. Schließlich flimmert kaum eine Nachrichtensendung über den Bildschirm, in der nicht wenigstens eine der Waffen in einem Krisengebiet unserer Welt auftaucht. Kein Wunder; denn schließlich wurden – einschließlich der Kopien – weit mehr als 50 Millionen Exemplare »der Kalaschnikow« gefertigt. Sie mischte in nahezu allen Kriegsregionen mit, sei es in Vietnam, Afghanistan, Angola, am Persischen Golf oder im Kosovo.

Ihre Beliebtheit bei den Truppen von über 55 Staaten liegt vor allem an der schon sprichwörtlichen Zuverlässigkeit sowie am günstigen Preis, der im Grunde simplen Technik. Sie entstand am Zeichentisch des Konstrukteurs Michail Timofejewitsch Kalaschnikow und trat den Dienst bei der sowjetischen Roten Armee als AK 47 an, was für *Avtomat Kalaschnikowa obrasez 1947 goda* (Modell aus dem Jahr 1947) stand. Das Gewehr besaß zunächst ein Gehäuse in Blechprägetechnik, dem eine aus dem Vollen gefräste Ausführung folgte. Schließlich setzten die Sowjets 1959 beim modernisierten Modell *AKM (Modernisirowanny Avtomat Kalaschnikowa)* wiederum auf Blechprägetechnik, die das Waffengewicht von etwa 4300 Gramm beim gefrästen AK auf etwa 3150 Gramm reduzierte. Entsprechend der Entwicklung in den USA wechselte auch das Sowjetreich ab 1975 mit dem AK 74 auf eine kleinkalibrige Patrone, die 5,45 x 39 mm.

Im Westen wäre Michail Kalaschnikow mit seiner Konstruktion sicherlich steinreich geworden. Doch in Rußland gehen die Uhren immer noch anders anders – der Erfinder lebt in einer bescheidenen Zweizimmer-Wohnung und bessert seine schmale Rente als Berater bei der Waffenfabrik Ischmasch in Ischewsk auf.

Hat sich der Schütze erst einmal daran gewöhnt, kommt er damit jedoch gut zurecht. Sollte ein Einsteiger schlechte Trefferergebnisse erzielen, da er durch Angst vor Schußknall oder Rückstoß den Abzug im letzten Augenblick verreißt oder die Augen zudrückt, sollte er den AK-Abzug testen. Damit geht es zumindest in der Eingewöhnungsphase bestimmt besser, zumal sich der Rückstoß der vergleichsweise schwachen Patrone in engen Grenzen hält.

Insgesamt gibt es zum sportlichen Schießen besser geeignete Gewehre. Trotzdem locken andererseits die preisgünstigen Militärpatronen, die ein ausgiebigeres Training oder einfach viel Spaß auf der Schießbahn ermöglichen. Weiter gibt es neben dem *WUM-I* und seinen Ablegern keine Waffe, die den Unfug des Paragraphen 37 so gut dokumentiert und mit seinen Schaftvariationen fast schon ein Stück Zeitgeschichte darstellt. Allerdings schlagen sich die Verbote in geringen verkauften Stückzahlen der Ur-Modelle und den damit vergleichsweise hohen *»Second-Hand«-Preisen* nieder. So legte das *WUM-I* von ursprünglich 1450 Mark etwa das Doppelte zu, einen ähnlichen Wertzuwachs konnte ebenfalls die *Sporter*-Variante verzeichnen.

Stärken	Schwächen
• Leichter Transport durch kurze Baulänge • Hartverchromter Lauf • Preisgünstige Munition • ZF-Montageschiene • Zerlegen ohne Werkzeug	• Mäßige Schußpräzision • Gewöhnungsbedürftiger Abzug • Grobe Verarbeitung • Schwergängiger Magazinhalter

Befindet sich der Sicherungsflügel in dieser Stellung, ist die Waffe entsichert.

Der Lauf sitzt in einem gefrästen Stahlblock, während das Gehäuse aus geprägtem Stahlblech besteht.

Dieses WUM-I erhielt einen passenden Handschutz aus Schichtholz.

Das Manöverpatronengerät ermöglicht die Selbstlade-Funktion beim Verschießen von Platzpatronen – allerdings nur beim WUM-I und beim Sporter, bei denen das nötige Gewinde erhalten blieb.

Saiga

Geht kaum noch was mit Militäraufträgen, so müssen sich die Waffenfabriken nach neuen Märkten umschauen. Und da Behörden in aller Regel ebenfalls Zurückhaltung bei Neuanschaffungen üben, bleibt nur noch die zivile Kundschaft übrig. Diesen Weg schlugen nach »*Glasnost*« zwangläufig auch die russische Waffenfabrik Ischmasch in Ischewsk ein, wo der weltberühmte Konstrukteur Michail Kalaschnikow noch heute als Berater arbeitet.

Angeblich war er auch an der Konstruktion des *Saiga*-Selbstladers beteiligt, einem Jagdgewehr auf Basis seines Sturmgewehrs. Es war ursprünglich in erster Linie für den US-Markt gedacht, jedoch gelangten auch etliche Exemplare nach Deutschland. Der Zivilist verschießt die Patrone 7,62 x 39 mm und weist gegenüber seinem Ahnen einige Unterschiede auf.

Dazu zählt zunächst die Kunststoffschäftung sowie der 515 Millimeter lange Lauf – das Vorbild liegt genau zehn Zentimeter darunter. Bei den für die Ausfuhr nach Deutschland bestimmten Waffen fehlt die offene Visierung, wobei Kimme und Korn einfach abgenommen wurden. Die nackte Führung der Kimme sieht allerdings schon etwas schlampig aus – irgendein Einsatz hätte dem Aussehen nicht geschadet und gleichzeitig die Option für eine nachträglich eingebaute Zielhilfe offengelassen. Immerhin gehört zum Gewehr ein 3,5fach vergrößerndes Zielfernrohr, das über eine Aufschubmontage wie beim *WUM-I* (siehe Seite 43) oder dem *Dragunow* (Seite 70) auf einer Schiene an der linken Gehäuseseite sitzt. Sie nimmt auch andere Optiken wie das russische PSO-1 oder das *FPK*-Zielfernrohr auf.

Weiter fällt das samt Bügel um neun Zentimeter weiter nach hinten versetzte Abzugszüngel auf, was das Anbringen eines jagdlichen Hinterschafts ermöglicht. Das fünfschüssige Magazin besteht aus Kunststoff. Die Bearbeitung der Metalloberflächen orientierte sich am verhältnismäßig groben Militärstandard, wobei eine ordentliche Lackschicht auf den Teilen zumindest die leichteren Schleifspuren verdeckt.

Auf dem 100-Meter-Stand erwies sich der Abstand zwischen Schaftkappe und Züngel mit etwas über 34 Zentimeter zwar als recht kurz, jedoch dürfte der Pistolengriff für kleinere Hände ein wenig näher und generell in einem etwas steileren Winkel am Abzug liegen. Dagegen gab es am sehr griffigen Vorderschaft wie am ungewöhnlich leichtgängigen Magazinhalter nichts auszusetzen.

Das mit einem jagdlichen Absehen mit Zielstachel versehene Zielfernrohr ließ zwar von der Vergrößerung etwas zu wünschen übrig, dafür überraschte es mit einer guten Randschärfe. Leider besitzt es kein zentriertes Absehen, sprich beim Verstellen in Höhe und Seite verschiebt sich das Absehen im Blickfeld.

Der Abzug »rubbelte« schließlich bis zum Auslösen bei annehmbaren 2500 Gramm spürbar, wobei sich der Schütze zudem erst an die AK-typische Charakteristik ohne Druckpunkt gewöhnen muß. Die Trefferbilder lagen pro fünf Schuß mit unterschiedlichen Laborierungen zwischen 70 und 100 Millimeter. Bessere Ergebnisse wären möglich, wenn der Vorderschaft durch seine Aufhängung am Lauf das Schwingen des Rohrs nicht beeinträchtigen würde (siehe dazu auch im *WUM-I*-Kapitel).

Unter dem Strich betrachtet ist das *Saiga* mit seinem bewährten System und der ansprechenden Schäftung bestimmt ein

Steckbrief: Saiga

• Hersteller:	Waffenfabrik Ischmasch, Ischewsk/GUS
• Kaliber:	7,62 x 39 mm
• System:	Gasdrucklader mit Drehriegel
• Magazinkapazität:	5
• Lauflänge (mm):	515
• Gesamtlänge (mm):	1065
• Gewicht (g):	3200
• Preis 1999 ca. (DM/Euro):	1450,-/740,- einschließlich Zielfernrohr

■ *Mit dem Saiga wird serienmäßig das 3,5 fach vergrößernde Zielfernrohr und ein Gewehrriemen geliefert.*

Stärken	**Schwächen**
• Griffiger Vorderschaft • Leichtgängiger Magazinhalter • Ordentliches Zielfernrohr	• Ruckelnder, gewöhnungsbedürftiger Abzug • Mäßige Schußleistung • Offene Visierung einfach abgenommen

guter Kauf – zumindest wenn man keinen Wert auf eine *besonders* gute Schußleistung legt. Und der Preis liegt mit um die 1400 Mark (740 Euro) heute noch immer auf einem erträglichen Niveau.

Das Zerlegen erfolgt entsprechend dem beim *WUM-I* erklärten Verfahren.

Oben:

■ ***Das Gehäuse weist die Waffenfabrik Ischmasch als Hersteller aus. Beim Magazin setzten die Konstrukteure auf Kunststoff, außerdem versahen sie die linke Gehäuseseite mit einer ZF-Montageschiene***

Links:

■ ***Die Baugruppen entsprechen denen der Kalaschnikow. Im Vergleich zum Sturmgewehr liegt der Abzugsbügel neun Zentimeter weiter hinten, der Lauf ist zehn Zentimeter länger.***

Saxonia Hail

Eigentlich war es nur konsequent, daß das sächsische Unternehmen Saxonia im Jahr 1997 einen sportlichen Selbstlader mit AKM-System vorstellte. Schließlich ist der private Waffenhersteller der direkte Nachfolger des *VEB Geräte- und Werkzeugbau Wiesa (Wiesaer Gerätefabrik oder »Wieger«)*, die zu Zeiten der DDR die russischen Sturmgewehre in Lizenz fertigte. Allerdings kam der Anstoß zu dem neuen Kalaschnikow-Projekt aus der Kundschaft, die damit eine Firmentradition wiederbelebte.

Firmenchef und Konstrukteur Michael Decker wählte für das »Hail« (engl. für »Hagel«) genannte Modell die Systeme der Budapester *Gewehr- und Kampfstoff-Fabrik (Fegyver es Gepgyar Reszvenytarsasag,* kurz *Fegyvergyar* oder *FEG)* aus, da sie im Unterschied zu etlichen anderen halbautomatischen Kalaschnikow-Nachbauten eine recht annehmbare Fertigungsqualität besitzen. Allerdings verdeckt die schwarze Lackoberfläche sicherlich so manche Arbeitsspur, was die unter anderem am Kimmensockel sichtbaren Riefen vermuten lassen.

Einige Schützen werden an dem 1890 Mark (965 Euro) teuren Gewehr die Montageschiene vermissen, die bei Gewehren wie dem *WUM-I* oder dem *Speger* (siehe Seite 43 und Seite 53) das einfache Anklemmen eines Zielfernrohrs aus der *Dragunow*-Reihe ermöglicht. Jedoch bietet Saxonia eine Seitenmontage aus eigener Fertigung an, die mit zwei Stiften auf der linken Schafthälfte zentriert und schließlich mit zwei Schrauben befestigt wird. Das Zubehörteil besitzt einen Ringdurchmesser von einem Zoll (25,4 mm) und kostet rund 140 DM (71 Euro).

Der gesamte, etwas eckig wirkende Schaft besteht aus zwei im Haus gefertigten eloxierten Aluminium-Halbschalen, die alle wesentlichen Anscheinsmerkmale abdecken. Wahlweise kommt das Handteil schwarz oder silberfarben eloxiert mit Einlagen aus Holzimitat. Eine auf der *IWA 98 (Internationale Waffen Austellung,* Nürnberg) vorgestellte Ausführung mit Holzschaft fand nach Firmenangaben weniger Anklang. Ebenfalls eine Hülse aus Leichtmetall erhielt das Korn.

Im Anschlag zeigte sich, daß der Schaftrücken etwa einen Zentimeter zu niedrig ausfiel. Denn statt dem Korn war beim Test nur die Oberkante der Kornhülse zu sehen. Und bei Temperaturen um den Gefrierpunkt hätte ich mir beim Testschießen eine Wärmflasche auf dem eiskalten Schaftrücken gewünscht – Platz wäre ja genug vorhanden. Zudem könnte ein etwas breiterer Vorderschaft nicht schaden, der mehr Halt auf dem Sandsack oder in der Hand verleiht.

Ansonsten war alles Kalaschnikow-mäßig: vergleichsweise leichter Spannwiderstand mit rauhem Weg, hakeliger Magazinhalter, stabiles Magazin und der berühmte Sicherungsflügel. Er läßt sich über eine angeschweißte Verlängerung rechts unter dem Gehäuse bedienen, wobei das Übertragungsteil jedoch stark zum Verschlußgehäuse hin nachgibt – aber das hat weniger Saxonia als vielmehr der 37er-Paragraph zu verantworten.

■ ***Das Saxonia »Hail« (= Hagel) besitzt einen Aluminium-Schaft mit Holzimitat-Einlagen.***

Die Saxonia-Macher Rüdiger Sporbert (links) und Michael Decker, seines Zeichens Firmenchef und Konstrukteur, mit der neuesten Ausführung des »Hail«.

Wie bei AKs üblich, löste der Abzug ohne Druckpunkt aus. Auf dem Abzugsweg fühlte der Zeigefinger lediglich ein sanftes Holpern und der Schuß brach nach einem sachten Widerstand von nur 1400 Gramm. Da der einteilige Schaft nicht wie bei *WUM-I* am Lauf zerrt und damit das Schwingen des Rohrs weniger beeinflußt, fielen die Schießergebnisse im Rahmen der Möglichkeiten von Kaliber und System durchaus akzeptabel aus: 70 Millimeter bei fünf Schuß auf 100 Meter ließen sich mit tschechischen Patronen gut erzielen. Andere Sorten brachten zwischen 85 und 100 Millimeter.

Das anschließende Auseinandernehmen zum raschen Reinigen gestaltete sich, wie bei AKs üblich, sehr einfach. Nur wer das gesamte System ausschäften möchte, muß zuerst acht Inbusschrauben lösen.

Mangels Nachschub an FEG-Systemen war die Zukunft des »Hail« bis Anfang 1999 nach etwa 50 Stück fraglich. Doch nachdem die Lieferung wieder klappt, wird sich das Gewehr künftig häufiger auf Schießständen finden.

Steckbrief:	**Saxonia Hail**
• Hersteller	Saxonia, Schwarzenberg
• Kaliber:	7,62 x 39 mm
• System:	Gasdrucklader mit Drehriegel
• Magazinkapazität:	5
• Lauflänge (mm):	415
• Gesamtlänge (mm):	910
• Gewicht (g)	4400
• Preis 1999 ca. (DM/Euro):	1890,-/965,-

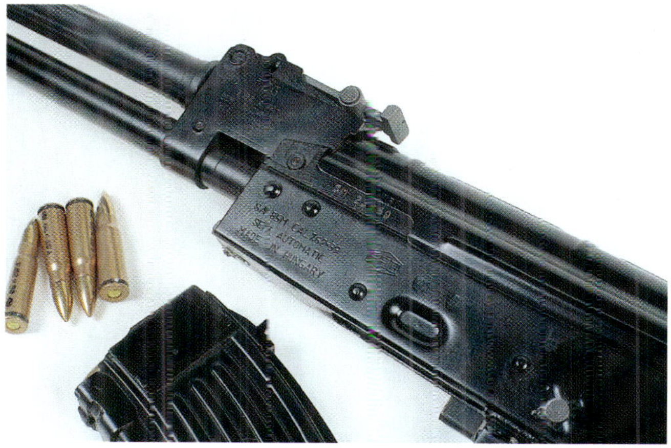

Wie das AKM-Gehäuse zeigt, entstand das System bei FEG in Ungarn.

Im Unterschied zu Gewehren wie WUM-1 oder -Sporter blieb das Gehäuse unten ohne Aussparung für den Dragunow-Hinterschaft. Zudem fehlt dem Saxonia die Bohrung in der Nase (hinten) für die Schaftschraube.

■ *Saxonia legte das System in zwei Halbschalen, die zusammen den Schaft bilden.*

Stärken

- Ordentliche Verarbeitung
- Leicht zu zerlegen

Schwächen

- Schaftrücken und Griff aus Metall (bei frostiger Witterung unangenehm kalt)
- Hakeliger Magazinhalter
- Federnder Sicherungsflügel

■ *Um keinen Anschein zu erwecken, verdeckten die Sachsen die AKM-Kimme mit einem Überzieher aus Aluminium. Die Waffe liegt auf dem leider restlos vergriffenen Werk von Edward Ezell: Automat Kalaschnikow, das 1988 beim Motorbuch Verlag erschien.*

■ *Die Gegenplatte der unteren Schaftverschraubung setzte bereits Rost an.*

Speger

Steckbrief:	Speger
• Hersteller:	VEB Geräte- und Werkzeugbau Wiesa (DDR)
• Kaliber:	7,62 x 39 mm (M 43)
• System:	Gasdrucklader mit Drehriegel
• Magazinkapazität:	5
• Lauflänge (mm):	495
• Gesamtlänge (mm):	1050
• Gewicht (g):	3700 (ohne Zielfernrohr)
• Preis 1999 ca. (DM/Euro):	2680,-/1370,-

Der Fall des Eisernen Vorhangs brachte eine ganze Reihe von Ostblockwaffen in den Westen, darunter Halbautomaten wie *Dragunow, Tokarew* und *SKS.* Aber nicht nur die Konstruktionen aus ferneren Ländern ließen die Herzen von Schützen und Sammlern höherschlagen. Denn im heutigen Bundesland Sachsen entstanden im VEB Geräte- und Werkzeugbau Wiesa die *Speger*-Selbstlader, die auf dem AKM-System basieren. Dementsprechend verschießen sie das Kaliber 7,62 x 39 mm, das in diesem Falle allerdings jagdlichen Zwecken dienen sollte.

Für die Konstruktion der Gewehre war die **Spe**zial**ger**ätefabrik (kurz *Speger)* in Dresden zuständig, daher der Name der Waffe. Allerdings stand in den Papieren der Gewehre etwa bis Seriennummer 50 die Bezeichnung *Wieger* nach dem Herstellungswerk, was die Dresdener dann jedoch änderten.

Die *Speger*-Konstrukteure verpaßten ihrem »Zivilisten« einen mattlackierten Holzschaft mit Monte-Carlo-Backe und versetzten dementsprechend den Abzug etwa fünf Zentimeter weiter zurück. Weiter bauten sie einen 495 Millimeter langen Lauf mit – gegenüber dem Laufdurchmesser – etwas stärkerem Mündungsaufsatz ein, verlegten das Korn auf den Gassockel und die starre Kimme auf das Verschlußgehäuse. Das Endergebnis erin-

■ *Vom AKM unterscheidet sich das Speger vor allem durch Kimme und Abzug, die nach hinten versetzt wurden, den in M 16-Manier auf dem Gassockel aufgebauten Kornträger, den längeren Lauf sowie die abweichende Befestigung des Vorderschafts.*

Zerlegen

- Wie beim WUM-I, nur müssen zusätzlich die beiden Schrauben links und rechts am Vorderschaft sowie der Riemenbügel abgeschraubt werden.

nert stark an das finnische *Valmet Petra* (siehe Seite 57). Wundern sollte diese Ähnlichkeit niemanden, dank der guten Kontakte der DDR zum Norden – schließlich ließ sich der Staatsratvorsitzende Erich Honecker mit einem Volvo durch den Arbeiter- und Bauernstaat chauffieren. Neben den genannten Eckpunkten besaß das *Speger* zudem Riemenbügel an Kolben und Vorderschaft sowie eine Schaftkappe aus schwarzem Kunststoff (»Plaste«). Nicht zuletzt erhielt das Gewehr serienmäßig ein 4 x 32-Zielfernrohr des Optikherstellers Carl Zeiss Jena mit Absehen 1, wobei sich die auf der linken Gehäuseseite angebrachte *Speger*-Montageschiene ebenfalls beim Sturmgewehr findet. Nur etwa ein Zehntel der Waffen erhielt eine 6 x 42-Optik.

Das System der Jagdbüchse ist für eine östliche AK(S)-Produktion sehr sauber gefertigt – die DDR-Kalaschnikows galten längst als die am besten verarbeiteten ihrer Klasse. Selbst der schön geglättete Sicherungsflügel und die ebenen Innenflächen sind der reinste Luxus. Allerdings trüben einige Werkspuren im hinteren Bereich des Systemgehäuses und am Verschlußträger das Bild. Auch das Magazin ist DDR-üblich erste Sahne unter den AK-Patronenspeichern, dagegen fällt die rohe ZF-Schiene völlig ab, und auch die Drehriefen auf dem Lauf wirken nicht gerade dekorativ. Andererseits verhindern sie verräterische Lichtreflexe. Würden die Metallteile des *Speger* statt der matten Oberfläche mit einer Brünierung glänzen und einen geölten Nußbaumschaft tragen, so könnte das Gewehr fast mit der *Valmet*-Qualität mithalten.

■ *Das Speger – hier auf dem Portrait eines ehemaligen saarländischen Dachdeckers – wurde in der ehemaligen DDR als Jagd-Selbstlader auf Grundlage des Kalaschnikow-Systems konstruiert. Die originale Optik 4 x 32 M-DA von Carl Zeiss/ Jena wurde bei dieser Waffe durch ein für das AK 74 N bestimmtes ZFK 4 x 25 ersetzt.*

Rechts:
Der Vorderschaft ist aufwendig mit vier Schrauben über ein Befestigungsstück am Lauf angebracht, die starre Kimme auf der hinteren Hälfte des Gehäusedeckels.

Mit seinen reliefartigen Griffleisten erwies sich der Vorderschaft als sehr griffig, wobei die gleiche Machart beim *WUM Sporter* (siehe Seite 43) wieder auftauchte. Andererseits hätte der schmalbrüstige Pistolengriff etwas mehr Material zum Ausfüllen der Hand vertragen, zudem fiel der Abstand zwischen Griffrücken und Abzugszüngel viel zu weit aus – nur etwas für wirkliche Langfinger. Dasselbe gilt für den Abstand zwischen Züngel und Schaftkappe, die wenigstens zwei Zentimeter näher am System liegen dürfte.

Der hohe Schaftrücken weist das *Speger* zweifelsfrei als Zielfernrohrwaffe aus, während sich die offene Visierung nur mit zwanghaft tief über dem Schaft liegendem Auge korrekt überblicken läßt. Ein deutliches Reiben läßt der Abzug fühlen. Anders als bei üblichen AK- und AKM-Modellen fällt der druck-

Der Gaszylinder wird mittels einer Prismenschiene an der Laufführung befestigt. Wie bei den meisten Kalaschnikow-Systemen ist auch die Laufseele des Speger hartverchromt.

Big brother is watching you: Die Montage des Zielfernrohrs klammert sich über eine Prismenschiene links an das Verschlußgehäuse.

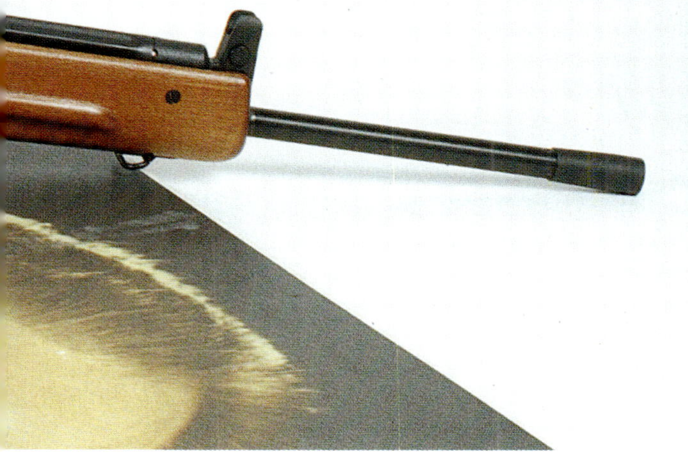

■ ***Peter M. Busch boxte das Speger vor Gericht durch. Hier präsentiert er ein Gewehr mit Original-Zielfernrohr.***

punktfreie Weg durch die aufgrund des versetzten Abzugs nötige Übertragungsstange mit nur etwa drei Millimetern sehr kurz aus. Der Abzugswiderstand von nur 1300 Gramm geht ebenfalls in Ordnung. Im Schuß kann der Schütze das Gewehr aufgrund der moderaten Munition und des längeren Laufs problemlos beherrschen, da machen selbst längere Serien richtig Spaß. Zumal die reichlich erhältliche *Surplus*-Munition den Geldbeutel nur gering belastet. Mit seiner Schußleistung liegt das *Speger* in der Spitzengruppe der 7,62 x 39er-Halbautomaten. Fünf Schuß-Streukreise von 60 Millimetern auf 100 Meter lassen sich problemlos mit verschiedenen Munitionssorten realisieren.

Irgendwie gleicht das *Speger* einer Aktie mit garantierter Wertsteigerung. Schließlich entstanden in Wiesa offensichtlich nur etwa 147 Exemplare (einschließlich Prototypen), wovon 114 in Suhl den Beschußstempel erhielten. Davon konnte der Höchberger Fachhändler Peter M. Busch nach der Wende 106 Stück vom DDR Entwicklungs-Kombinat »Spezialtechnik Dresden« kaufen. Der Rest ist verschollen. Aber bis die Waffen auf den Sammler- und Schützenmarkt gelangten, war es ein langer Weg. »Anscheinsparagraph« hieß auch hier das Schreckgespenst, mit dem Busch lange ringen mußte (siehe Kasten). Doch alles nahm ein glückliches Ende. Wer ein *Speger* sein eigen nennen darf, sollte es noch einige Zeit behalten. Denn wenn sogar der Preis von qualitativ sehr mäßiger Ware wie dem *L1 A1* (siehe Seite 148) in wenigen Jahren um etwa 100 Prozent stieg, könnte dieses schöne, seltene Stück deutscher Geschichte irgendwann »durch die Decke gehen«, wie Börsianer einen rapiden Kursanstieg bildhaft umschreiben.

Stärken

- Sehr gute Verarbeitung
- Angenehme Abzugscharakteristik

Schwächen

- Abstand von Griffrücken und Schaftkappe zum Abzugszüngel zu groß

Saubere Sache

Für die Gegner des Anscheinswaffen-Paragraphen war der Sieg von Peter Busch gegen den Freistaat Bayern ein Höhepunkt. Es sprengte den gegebenen Rahmen, den kompletten Wortlaut des Urteils vom April 1997 an dieser Stelle wiederzugeben. Hier jedoch die wichtigsten Punkte zum Verfahren vor dem Bayerischen Verwaltungsgerichtshof: Zunächst bezeichnete das Landratsamt Würzburg das *Speger* im Mai 1994 als verbotenen Gegenstand, wogegen Busch Klage einreichte. Das Verwaltungsgericht ließ die Klage unter anderem zu, da das Gewehr nicht die in Paragraph 37 genannten Verbotsmerkmale aufweist. Zudem konnte das Gericht schließlich der Einschätzung nicht folgen, daß das freiliegende Systemgehäuse zur Verwechslung mit dem Kalaschnikow-Sturmgewehr führe. Zudem legte Busch das FN *Modell 1900* (siehe Seite 109) vor, das als gut 40 Jahre ältere Jagdwaffe ebenfalls ein freiliegendes Gehäuse sowie einen großen Sicherungsflügel besitzt. Die Richter stellten schließlich keinen äußerlichen Bezug des *Speger* zur Kalaschnikow fest. In diesem Zusammenhang würde die Waffe nicht das charakteristische, lange Magazin besitzen, das »weiten Bevölkerungskreisen bekannt ist«. Außerdem käme es nicht darauf an, daß ein langes Magazin hinein paßt. Maßgebliches Objekt sei das *Speger*-Gewehr und nicht durch unzulässige Manipulationen veränderte Gegenstände. Alles in allem befand das Gericht, daß der Gesamteindruck einer Waffe zählt und nicht das einzelne Detail(!). Die Folgen dieses Urteils für Gehäuse-Abdeckungen und Sperren im Magazinschacht auch für andere Modelle kann sich jeder Schütze und Sammler selbst ausmalen.

Darüber hinaus erhielten die Behörden noch einen Dämpfer in Bezug auf ihre Sachkundigkeit und Zuständigkeit: So hätte der Freistaat keine Gesichtspunkte dafür genannt, die ihn im Vergleich mit dem Gericht »als zwingend sachnäheren Beurteiler« auswiesen. Zudem läge kein Ausnahmefall vor, welcher der Verwaltungsbehörde einen »dem Gericht nur beschränkt zugänglichen Beurteilungsspielraum« einräumen könnte.

Valmet Petra und Valmet Hunter M 88

Steckbrief:	Petra	Hunter M 88
• Hersteller:	Valmet, (Sako Ltd) Riihimäki/Finnland	
• Kaliber:	.223 Rem/.308 Win	.308 Win/.30-06 Sprg.
• System:	Gasdrucklader mit Drehriegel	
• Magazinkapazität:	5	5
• Lauflänge (mm):	520	535
• Gesamtlänge (mm):	1070	1080
• Visierlänge (mm):	310	535
• Gewicht (g):	3800	3800
• Preis 1999 ca. (DM/Euro)	1800-2000,-/	2000-2400,-/
(Euro):	920-1000,-	1000-1200,-

Wer baut das schönste Kalaschnikow-System? Auf diese Frage gibt es nur eine Antwort: Das finnische Unternehmen Valmet, das zum gleichen Firmenverbund wie Sako und Tikka zählt, die allesamt hochwertige Jagd- und Sportwaffen fertigen. Nachdem Valmet bereits das finnische Militär mit eigenen Versionen des russischen Sturmgewehrs versorgte, lag eine zivile Konstruktion nahe. Sie mündete zunächst im Modell *Petra*.

Im Unterschied zur Militärwaffe erhielt der Zivilist ein rein halbautomatisches System, einen weiter nach hinten versetzten Abzug sowie einen jagdlichen Schaft. Erhalten blieb vom Kalaschnikow-System der große, griffige Sicherungsflügel auf der rechten Gehäuseseite, der in der oberen und damit gesicherten Position das Innenleben des Kastens vor Schmutz schützt und gleichzeitig den Spannhebel blockiert. Das Korn liegt wie beim

■ *Die Teile der Valmet-Gewehre (hier das Hunter) sind im wesentlichen auch unter dem Gehäuse sauber verarbeitet.*

Valmet Hunter

Stärken

- Sehr gute Verarbeitung
- Einwandfreie Schußleistung
- Anatomisch günstige Schäftung
- Sehr gute Visierung
- Weiches Schußverhalten
- Hülsenpuffer

Schwächen

- Schwacher Verschlußfang
- Vorderschaft hängt am Lauf

finnischen Sturmgewehr direkt über dem Gassockel, was die Länge der Ziellinie unnötig verkürzt. Als Trost trägt der stabil verschraubte und fest sitzende Gehäusedeckel eine 11 mm-Prismenschiene für eine Aufschub-Zielfernrohrmontage.

Aufgrund der oft bemängelten *Petra*-Visierung statteten die Konstrukteure das Nachfolgemodell *Hunter* M 88 (zu deutsch: Jäger) mit einem Korn im Mündungsbereich aus, das sich in Höhe und Seite verstellen läßt. Jedoch fehlt dem Neuling der Sicherungsflügel, ein Zugeständnis an das zivile Aussehen. Stattdessen liegt wie bei vielen, in erster Linie amerikanischen Repetier- und Selbstladeflinten, ein Drücker im hinteren Bereich des

Das elegante Valmet Hunter M 88 zeigt gegenüber dem Modell Petra mit Originalvisierung eine erheblich längere Visierlinie. Außerdem fehlt dem Hunter der AK-Sicherungsflügel.

Dieses Valmet Petra versah die Sigmaringer Firma A.C. Göggel mit der Visierung eines Heckler & Koch G 3.

Abzugsbügels. Trotzdem setzte Bayern das Gewehr eine zeitlang auf den Anscheins-Index.

Die Modelle *Petra* und *Hunter* sind sehr handliche und hochwertig verarbeitete Gewehre, an deren brünierten Metalloberflächen nur wenige Einzelheiten stören. So zeigten sich am Hunter nur im unteren Gehäusebereich leichte Frässpuren, zudem nahmen es die Finnen mit dem Innenleben nicht allzu genau. Abzugsbügel und -züngel, Gasabnahme und Kornträger zeigen sich etwas gußrauh mit unzureichend überschliffenen Nähten. Weiter zeigt der Lauf gleichmäßige Drehrillen, die jedoch bei den Jagdwaffen als Maßnahme gegen Lichtreflexe durchgehen können. Insgesamt gab sich das Petra doch etwas weniger gut bearbeitet.

Die Finnen paßten Metall- und Holzteile beider Gewehre sehr gut aneinander an, wobei das leicht ins rötliche gehende Nußbaumholz eine sehr schöne Maserung besitzt. Darüber hinaus garantiert die scharf geschnittene Fischhaut an Pistolengriff und Vorderschaft einen sicheren Halt.

Auf dem Schießstand erwies sich der flache Schieber des *Hunter*-Magazinhalters – entgegen ersten Vermutungen – wie das entsprechende Teil des Modells *Petra* als durchaus handlich. Selbst mit dicken Handschuhen bewehrte Finger konnten ihn noch sicher fühlen und zurückziehen. Schließlich kann der Schütze den Ladehebel beider Gewehre gegen den angenehm weichen Widerstand zurückziehen und die Waffen fertigladen.

■ *Direkt hinter dem Magazinschacht liegt der flache, aber dennoch griffige Schieber des Magazinhalters. Schräg rechts darunter der kleine Drücker des Verschlußfangs. Mit dem roten Ring signalisiert der Sicherungsknopf Feuerbereitschaft.*

■ *Vorn an der Montageschiene sitzt die Kimme des Petra. Der Magazinhalter entspricht jenen der finnischen Valmet-Sturmgewehre.*

Übrigens gibt eine Schraube im Gassockel des Hunter wahlweise den Gasstrom frei oder stellt ihn ab. Zeigt der Längsschlitz nach vorn, funktioniert das Gewehr als Selbstlader. Nach oben gerichtet, sperrt die Schraube den Gaskanal und der Schütze muß von Hand repetieren – eine praktische Sache zum Schießen mit Plastik-Trainingsmunition oder in Diziplinen und Revieren, wo keine Selbstlader erlaubt sind.

Kritik muß sich das Modell *Hunter* bezüglich des kleinen Verschlußfang-Drückers (rechts hinter dem Magazinschieber) gefallen lassen. Schließlich genügt lediglich ein leichtes Klopfen mit dem Kolben auf den Boden und der Verschluß schnappt nach vorn. Wehe, wenn jetzt zur Laufkontrolle noch ein Finger im Auswurffenster liegt. Das kann beim *Petra* kaum passieren, da es einfach keinen Verschlußfang besitzt. Unbeschädigt bleiben bei beiden Gewehren die ausgeworfenen Hülsen, sofern der Valmet-Schütze den serienmäßig mitgelieferten Gummipuffer befestigt – das können Besitzer anderer Waffen lediglich mit aufgeklebten Moosgummistückchen oder ähnlichen Provisorien erreichen.

Durchdacht zeigt sich auch die *Hunter*-Visierung: Die fest in einem Schwalbenschwanz der 11-mm-Prismenschiene sitzende Kimme läßt sich in zwei Positionen klappen. Mit dem halbrunden Ausschnitt eignet sie sich gut für den schnellen Schuß auf flüchtiges Wild, während der Rechteckausschnitt zusammen mit dem Balkenkorn und der langen Visierlinie ein sehr klares Visierbild mit engen Lichtspalten ergibt. Es erlaubt noch auf 100 m und mehr präzise Schüsse und im schnellen Anschlag »fliegen« die Zielhilfen förmlich zusammen – wirklich vorbildlich. Da kann das *Petra*-Modell mit seiner zu flachen Kimme und der Zielfehler verursachenden kurzen Visierlinie von nur 310 Millimetern nicht mithalten.

Valmet Petra

Stärken	Schwächen
• Sehr gute Verarbeitung • Griffiger Sicherungs-/ Staubschutzflügel • Hülsenpuffer	• Kurze Visierlinie • Vorderschaft am Lauf befestigt

Freude ließen an beiden Gewehren die Druckpunktabzüge aufkommen. Beim *Hunter* löste er nach einem 1900 Gramm leichten Vorzug bei einer Belastung mit noch akzeptablen 2450 Gramm trocken aus. Das *Petra* kommt hier auf ebenfalls noch brauchbare 2000 beziehungsweise 2500 Gramm bei vergleichbarer Charakteristik.

Das Schußverhalten der Valmet-Gewehre läßt sich selbst im Kaliber .308 Win nur als sehr angenehm beschreiben. Die Waffe schiebt sich im Schuß fast schon weich geradlinig in die Schulter, wobei die Mündung nur wenig nach oben ausschlägt. Dadurch kann der Schütze das Ziel schnell wieder erfassen. Lei-

■ ***Über dem Vorderschaft liegen die Entlastungsbohrungen des Gassystems. Statt des G 3-Korns besitzt das Petra normalerweise nur ein kleines Balkenkorn.***

der stand keine Testwaffe in .30-06 zur Verfügung, allerdings dürfte sie der Schulter – für die Patrone typisch – einen guten Schlag verpassen.

Generell lieferten sowohl *Hunter* als auch *Petra* in Drei-Null-Acht eine gute bis sehr gute Schußpräzision. So erzielte das *Petra* Trefferbilder bis hinunter auf 50 Millimeter, das *Hunter* glänzte mit unter 40 Millimetern. Damit unterbietet es sogar das *Heckler & Koch SL 7* und kratzt am Nimbus des einen oder anderen überarbeiteten *M 14/M 1A* – wobei die Ergebnisse des Finnen noch besser sein könnten. Leider hängt jedoch der Vorderschaft über zwei auf das Rohr geschobene Gewindesockel am *Hunter*-Lauf und verhindert so das freie Schwingen. Eine Montage des Handteils am Systemgehäuse wäre sinnvoller gewesen. Trotzdem darf man nicht vergessen, daß Valmet das Gewehr als Jagdwaffe entwarf. Und für das Waidwerk reicht die Schußpräzision allemal aus. Das gilt auch für die recht mäßigen Streukreise des 223er *Petra,* das im Test gerade so 65 bis 70 Millimeter als Untergrenze erreichte.

Das Zerlegen beider Gewehre funktioniert, wie bei Kalaschnikow-Systemen üblich, denkbar einfach. Allerdings verriegelt der Drücker zum Herausnehmen der Federführungsstange nicht gleichzeitig den Gehäusedeckel. Statt dieser instabilen und damit für die Montage eines Zielfernrohrs auf der Prismenschiene der Abdeckung ungeeigneten Lösung hält eine Inbusschraube *(Hunter)* das Teil absolut sicher fest. Der *Petra*-Deckel ist doppelt verschraubt – mit bestens zum Vermurksen geeigneten Längsschlitz-Schrauben. Trotz der zusätzlichen, spielfreien Führung der Blechteile im Bereich des Patronenlagers wäre die Befestigung der Zielfernrohrmontage am Gehäuse noch deutlich stabiler.

Die glatten Innenflächen der Waffen erlauben eine problemlose Reinigung. Das Zusammensetzen bewerkstelligt der Schütze nach kurzer Übung innerhalb einer Minute. Schon allein deshalb ist es sehr schade, daß Valmet das *Hunter* momentan (1999) nicht mehr liefert. Mit ein wenig Glück läßt es sich jedoch wie das *Petra* noch zu moderaten Preisen auf dem Gebrauchtmarkt auftreiben (siehe Tabelle Seite 57).

■ ***Ein Sportschütze mit dem Valmet Hunter im stehenden Anschlag.***

IMI Hadar II

Nachdem das *FN FAL* in den Wüsten-Gefechten des Sechs-Tage-Kriegs von 1967 immer wieder kläglich versagte, suchte die israelische Armeeführung nach einem zuverlässigeren Modell. Dazu kam der Wechsel zur 5,56 x 45 mm. Die Wahl fiel auf das Kalaschnikow-System, das trotz Eis, Sand oder Schlamm zuverlässig funktioniert. Das Vorhabens mündete im 1974 eingeführten Sturmgewehr des IMI-Entwicklungschefs Israel Blaschnikow-Galil. Dieses Gewehr ist jedoch mehr als eine schlichte Kopie des sowjetischen *AK 47*.

Grundsätzlich konstruierte der Techniker das System des finnischen *Valmet M 62* auf die Bedürfnisse des westlich orientierten Landes um. Dementsprechend erhielt das nach seinem Schöpfer beziehungsweise einem Berg in Israel benannte *Galil* das Kaliber 5,56 x 45 mm (.223 Rem). Neben weiteren Änderungen stattete er es mit einem soliden Klappschaft aus, der, wie der Tragegriff der Standard-Ausführung *ARM (Assault Rifle/Machinegun)*, die Verwandschaft mit der Para-Version des FAL nicht leugnen kann. Darüber hinaus setzte Israel auf einen doppelseitigen Sicherungs-/Feuerwahlhebel. Auf der rechten Seite des gefrästen Gehäuses besteht er aus dem großen AK-Deckel, der über eine gemeinsame Welle mit dem links über dem Griff angebrachten kleinen Hebel in Verbindung steht.

Zu den verschiedenen Varianten des *Galil* (5,56 und 7,62 mm) zählt auch die 1983 vorgestellte halbautomatische Scharfschützenvariante im Kaliber 7,62 x 51 mm, die vermutlich den Schritt zu einem zivilen Modell nahelegte. Jedenfalls entstand 1987 für den Polizei- und Sportschützen-Markt das *Hadar II*. »*Hadar*« ist der Name eines Berges bei Haifa. IMI setzte damit die alpine Tradition der Namensgebung fort, die sich bereits in den Modellen *Galil, Jericho* oder *Golan* findet.

Das Gewehr verfügt über einen durchgehenden, ziemlich blockartig wirkenden Holzschaft mit Daumenloch am Griff, der das Kalaschnikow-System weitgehend verdeckt – sicherlich der Grund, warum das *Hadar* nie richtig in die Schußlinie der Anscheinswächter geriet. Als Zielhilfe dient hinten die auf dem Gehäusedeckel montierte Klappkimme, die wie das Korn von zwei großen (Licht-) Schutzbacken eskortiert wird. Die Lauflänge beträgt 470 Millimeter, was gegenüber dem 65 Zentimeter langen Rohr des *Walther WA 2000* für eine Scharfschützenwaffe doch recht kurz ist.

Obwohl das *Hadar* letzten Endes von den Valmet-Gewehren abstammt, erreicht sein Verarbeitungs-Standard bei weitem nicht das hohe Niveau der zivilen Finnen. So zeigen sich an mehreren Stellen deutliche Spalte zwischen Holz und Metallteilen, die außerdem deutliche Werkspuren aufweisen. Zudem hakelt das Magazin und die Visierung zeigt für einen präzise und schnell gezielten Schuß zu große Lichtspalte. Für Abhilfe sorgt die ziemlich selten auf dem Gebrauchtmarkt erhältliche Zielfernrohr-

Das Hadar II wirkt trotz seiner militärischen Abstammung recht zivil und kommt ab Werk mit Zweibein.

Montage. Immerhin liefert IMI das *Hadar* komplett mit Koffer, Harris-Zweibein, Gewehrriemen und Putzzeug aus.

Durch den hohen Hinterschaft zeigt die gedachte Verlängerung des Laufs im Anschlag direkt auf die Schulter, wodurch die Mündung im Schuß nur wenig aus der Ziellinie springt. Bequemen Halt findet die Hand am ausreichend großen Griff des Lochschafts, zumal der recht steile Winkel kein Verrenken des Handgelenks erfordert. Leider hakelt das Magazin beim Einsetzen, wogegen der großflächige Magazinhalter sich leicht bedienen läßt.

Wie das *Galil* verfügt das *Hadar* über eine doppelseitige Sicherung, wobei die zivile Schäftung den Kalaschnikow-Hebel verdeckt. Das Bedienen des kleinen Gegenstücks rechts erfordert etwas Kraft, da der mit einer Nocke auf dem Gehäuse schabende Deckel zwangsweise mitläuft. Der nur leicht kriechende Abzug kam mit einem Widerstand von 2800 Gramm schon in den recht harten Bereich. Von der Präzision her lag die Testwaffe etwas oberhalb des Bereichs von *Heckler & Koch SL 7* oder *Valmet Petra/Hunter;* Streukreise bis hinunter auf fünf Zentimeter sind machbar.

Trotzdem eignet sich das *Hadar II* durchaus für sportliche Wettkämpfe, ist ansonsten jedoch keine weiter aufregende Konstruktion. Dabei kostet das momentan nicht im Handel erhältliche Gewehr auf dem Gebrauchtmarkt etwa soviel wie im 1980 Mark teuren Neuzustand, also abhängig vom Zustand zwischen 1700 und 2000 Mark (900 bis 1000 Euro).

Der Spannhebel ist beim Hadar etwas höher gelegt, damit die hohe Kante des Schafts erhalten bleiben konnte. Die Auszieherkralle ist kräftig dimensioniert.

Steckbrief:	**Hadar II**
• Hersteller:	Israel Military Industries (IMI), Israel
• Kaliber:	.308 Win.
• System:	Gasdrucklader mit Drehriegel
• Magazinkapazität:	5
• Lauflänge (mm):	470
• Gesamtlänge (mm):	985
• Gewicht (g):	4700
• Preis 1999 ca. (DM/Euro):	1700-2000,-/900-1000 -

■ *Abgesehen von der Kimme auf dem Gehäusedeckel und dem Sicherungshebel auf der linken Seite der Waffe entsprechen die Bauteile der Kalaschnikow-Konstruktion.*

Stärken	Schwächen
• Ordentliche Schußleistung	• Mäßige Verarbeitung
• Serienmäßiges Zweibein	• Harter Abzug

■ *Große und starke Backen schützen Korn und Lochkimme vor Beschädigung und Seitenlicht.*

■ *Wie eine kleine Brücke sieht die Übertragungswelle aus, die im Gehäuse den linken und rechten Sicherungshebel miteinander verbindet.*

Molot Vepr

Eigentlich war dieses Buch schon fertig, als ich einen Anruf erhielt: »Waffen Schumacher in Krefeld importiert einen neuen 308er Selbstlader mit Kalaschnikow-System«. Allein schon das westliche Kaliber weckte mein Interesse, da russische AK-Systeme bislang ausschließlich in 7,62 x 39 mm auf den Zivilmarkt gelangten. Zudem zeichnete sich ein spannender Vergleich zu präzisen Selbstladern der gleichen Preisklasse wie *Heckler & Koch SL 7, M 14* oder *Valmet Hunter* ab, da Schumacher das Molot *Vepr* (zu deutsch: Viper) als Matchwaffe anpries. Und der Preis von 2290 Mark erschien akzeptabel, zumal er die ZF-Mon-

Steckbrief:	**Molot Vepr**
• Hersteller:	Molot, Rußland (GUS)
• Kaliber:	.308 Win
• System:	Gasdrucklader mit Drehriegel
• Magazinkapazität:	3/5/10
• Lauflänge (mm):	550
• Gesamtlänge (mm):	1035
• Gewicht (g):	3700
• Preis 1999 ca. (DM/Euro):	2290,-/1170,-

■ *Wie bei Kalaschnikows üblich, zerfällt das Vepr beim Zerlegen in nur wenige Baugruppen. Über den Magazinen und dem Gehäusedeckel ist das reichhaltige Serienzubehör zu sehen: Das Putzzeug samt Stock, ein zweckmäßiger Gewehrriemen sowie die Zielfernrohrbasis mit Weaver-Schiene und Montageringen.*

tage einschließlich (recht grob gearbeiteten) Ringen, den schönen, breiten Leder-Gewehrriemen, Werk- und Putzzeug sowie ein Ölfläschchen einschließt.

Schon beim Auspacken der Waffe zeigte sich, daß das nur 3,7 Kilo schwere Gewehr den wachsenden Qualitätsstandards in Rußland entspricht. Statt den oft gesehenen, übel nach Lack riechenden Holzteilen, kam ein sauber verarbeiteter, geölter Schaft aus türkischem (Firmenangabe) Nußbaum zum Vorschein. Und das durchgehende Teil sieht auch noch sehr elegant aus. Die griffigen Punzierungen an Vorderschaft und Pistolengriff rundeten zusammen mit der Gummischaftkappe das positive Bild ab.

Das System kommt in eine mattschwarze Polymer-Schicht gehüllt, wobei der 55 Zentimeter lange, innen hartverchromte Lauf durch seine Kannellierung auffällt. An die entfernte Abstammung von einer Militärwaffe erinnern die stellenweise trotz Lack deutlich sichtbaren Arbeitsspuren. Weiter fallen die wahlweise zwei-, fünf- oder zehnschüssigen Magazine auf, die statt aus Stahlblech aus Kunststoff bestehen.

Jedoch setzt die russische Waffenindustrie wie die anderer westlicher Länder insgesamt verstärkt auf die verhältnismäßig neuen Kunst-Materialien, die ihre Leistungsfähigkeit dort längst unter Beweis stellten.

Als Manko könnte man dem Gewehr die nur 30 Zentimeter lange Visierlinie ankreiden. Allerdings zeigt die offene Visierung auf der Haben-Seite ein sehr klares Bild, außerdem dient der Kimmensockel gleichzeitig als Aufnahme für die Zielfernrohrmontage mit Weaver-Schiene, die samt ZF-Ringen zum Lieferumfang gehört – alles in allem eine durchdachte Angelegenheit.

Bei den Bedienelementen verzichtete Molot auf den Sicherungsflügel rechts am Gehäuse und blockiert den Abzugs im amerikanischen Stil mit einem durch das Gehäuse reichenden Drücker: Steht er deutlich fühlbar links heraus ist das *Vepr* feuerbereit. Allerdings erfolgt das Entsichern mit einem lauten »Klack«, das beim vom Hersteller vorgeschlagenen Einsatz des Gewehrs auf der Jagd das Wild in weitem Umkreis warnen dürfte. Eine schöne Idee hatten die Konstrukteure beim Magazinhalter, dessen Hebel sie nach hinten um 90 Grad abwinkelten. Ähnlich wie bei den Heckler & Koch-Pistolen *P 7* und *USP* kann der Schütze mit dem Zeigefinger das Magazin entriegeln – mit der Schußhand am Griff und wahlweise links oder rechts vom Abzugsbügel.

Im Anschlag finden die Hände guten Halt an den punzierten Flächen, außerdem weist der Griff einen vor allem für mittlere und kleine Hände angenehmen Durchmesser auf. Darüber hinaus bie-

Das Molot Vepr erhielt einen vorbildlich gestalteten Sportschaft.

Oben:
■ Die Zielfernrohr-Montage greift in die Prismenschiene im Kimmensockel und läßt sich mit dem großen Hebel sicher arretieren.

Links:
■ Der Zeigefinger der Schußhand kann den doppelten, abgewinkelten Hebel des Magazinhalters bequem erreichen. Die Magazine bestehen aus Kunststoff.

tet sich der knapp vier Zentimeter breite, abgeflachte Vorderschaft sehr gut für das Auflegen auf dem Sandsack an. Die Höhe des Schaftrückens paßte ideal für das Zielen über Kimme und Korn, wobei die Zielhilfen im schnellen stehenden Anschlag fast automatisch zusammentrafen. Für das Schießen mit Optik könnte jedoch eine Schafterhöhung um gut 2,5 Zentimeter nicht schaden.

Leider behielt Molot den für Kalaschnikow-Konstruktionen üblichen Abzug ohne Druckpunkt bei – wobei das Bedauern eher für unseren Geschmack steht. Denn genau betrachtet verführt diese Technik weit weniger zum plötzlichen Durchreißen des Züngels mit dem Gedanken »Jetzt!« im Kopf, als jeder Direkt- oder Druckpunktabzug. Vielmehr zieht der Schütze das Züngel über einen gleitenden Weg immer weiter durch, bis der Schuß ohne Vorwarnung fällt. So gesehen ist diese Charakteristik bei der Matchwaffe nicht unbedingt fehl am Platz, wohl aber das Reiben und Rucken beim Abziehen. Der ziemlich leichte Widerstand von knapp zwei Kilogramm geht wieder in Ordnung.

Das Schießen auf der 100 Meter-Bahn erwies sich als pures Vergnügen, da die Waffe im Schuß mehr nach hinten drückte statt zu schlagen. Mit verschiedenen zivilen Munitionssorten und Geschoßgewichten von 147 bis 168 Grains erreichten alle Fünf Schuß-Streukreise höchstens 50 Millimeter, was alle Treffer in der Zehn der 100 Meter-Scheibe des DSB hält. Während den Versuchen erwärmte sich der Lauf nur wenig, da der weite Abstand zum Schaft eine gute Belüftung sicherstellte und die Kanellierungen eine große Oberfläche zum Abstrahlen der Wärme bilden. Die Wiederlader werden sich allerdings ein wenig über die Kalaschnikow-typischen Dellen in der Mitte sämtlicher Patronenhülsen ärgern. Die Russen sollten sich über einen Gummipuffer am Auswurffenster – wie bei den *Valmets* – Gedanken machen.

Wie die Firma Schumacher ankündigte, soll das Molot *Vepr* bald einige Verbesserungen erfahren. Dazu zählt der künftig mit Druckpunkt ausgestattete Abzug, dessen Gleitflächen zudem eine Chrom-Schicht für eine sanfte Charakteristik erhalten. Weiter glättet der Hersteller die Frässpuren besser. Dann stellt das Gewehr noch mehr ein sehr gutes Angebot dar, das mit Konkurrenten wie *Valmet Hunter, SLG 97* oder *SL 7* gut mithalten oder sie dank des günstigen Komplettpreises und der einfachen Bedienung sogar etwas abhängen kann. Aber das ist auch eine Frage des persönlichen Geschmacks.

An den Metallteilen des *Vepr* sind verhältnismäßig wenige Arbeitsspuren zu erkennen, wobei die Polymer-Beschichtung sicherlich eine Rolle spielt. Das Kimmenblatt läßt sich in zwei Positionen hin und her klappen.

Stärken
- Günstiger Preis einschließlich ZF-Montage
- Gute Verarbeitung
- Sehr guter Schaft
- Angenehmes Schußverhalten
- Absolut annehmbare Schußpräzision

Schwächen
- Deutliche Frässpuren (wird voraussichtlich verbessert)
- Dellen an ausgeworfenen Hülsen
- Gewöhnungsbedürftiger Abzug (wird voraussichtlich geändert)

Dragunow SWD

Verstehe einer die Behörden und Politiker: Einerseits jammern sie über die Kosten der Arbeitslosigkeit und knechten jeden noch so kleinen Steuersünder mit der vollen Härte des Gesetzes, andererseits werfen sie das Geld mit vollen Händen zum Fenster hinaus. Ein Paradebeispiel hierfür bildet das russische Scharfschützengewehr *SWD (Snaiperskaja Wintowka Dragunoma)*, das in der russischen Ausführung unter anderem bei der *Nationalen Volksarmee* der Ex-DDR diente und sich technisch und äußerlich stark am Kalaschnikow-Sturmgewehr orientiert. Allerdings kommt das *SWD* im alten russischen Ordonnanz-Kaliber 7,62 x 54 R. Das *SWD* wirkt sehr gestreckt und besitzt eine Schäftung aus rötlich-braunem Schichtholz.

Nach der Wende 1989 ließen die Verantwortlichen in der Bundesrepublik mehrere tausend der Halbautomaten einstampfen und brachten somit die Staatskasse um einen Betrag in Höhe von mehreren Millionen Mark. Dabei hätten sich Sportschützen über das recht präzise schießende Gewehr sicherlich gefreut, wenn der Staat die Bestände preisgünstig an WBK-Inhaber verkauft hätte. Aber angesichts der Gratislieferungen von NVA-Material im Milliarden-Mark-Bereich an Länder wie die von den Kurden so bedrängte Türkei fiel das auch nicht mehr ins Gewicht.

Jetzt blieb den deutschen Schützen nichts anderes übrig, als auf die wenigen von Fachhändlern zu Preisen von fast 4000 Mark angebotenen SWDs zurückzugreifen. Immerhin gehörte jedoch meist das Original-Zielfernrohr PSO-1 mit Leuchtabsehen zum Lieferumfang. Heute benötigen Schützen vor dem Kauf des Dragunow eine BKA-Bewilligung – und niemand wundert sich.

Das Gewehr entstand ab 1958 in der Konstruktions-Abteilung der Waffenwerke von Ischewsk am Reißbrett von Jewgeni Fjodorowitsch Dragunow. Die Russen versahen ihr 1963 von der Armee in Dienst genommenes *SWD* mit einem gefrästen Gehäuse, das angenietete Prägeteile hält. Dabei ist unverkennbar, daß es sich – wie auch der Drehriegel-Verschluß – stark an der Kalaschnikow-Konstruktion orientiert. Weiter kommt es mit einem Skelett-Hinterschaft aus rötlich lackiertem Schichtholz samt aufgesetzter Backe zum Schießen mit Zielfernrohr. Seine Aufschub-Montage greift über eine Prismenschiene, die auf der linken Gehäuseseite liegt. Der Vorderschaft bildet im Unterschied zum AK gleichzeitig den Handschutz und besteht aus

Der lange Weg nach Westen

Das *SWD* sollte bei den früheren sowjetischen Streitkräften die technisch überholten Scharfschützengewehre *Mosin-Nagant M 1891/30* und *Tokarew SWT 40* ersetzen.
Zwecks einfacher Ausbildung sollte das Gewehr über die gleichen Bedienelemente wie das *AK 47* verfügen. Weiter stellten sich die Militärs vor, daß der Scharfschütze zusammen mit der Infanterie an Sturmangriffen teilnimmt, weshalb das *SWD* eine offene Visierung und ein Bajonett für den Nahkampf erhielt. Diese Pläne erklären auch den recht kurzen Hinterschaft, der die Waffe etwas handlicher gestaltet.
Das Endergebnis war trotzdem noch stolze 122 Zentimeter lang und wog knapp über 4,5 Kilogramm.
Lange Jahre galt die 1963 eingeführte Waffe als ein streng gehütetes Geheimnis des Sowjetreichs. Erst nachdem die *Mudschaheddin* im Afghanistankrieg (1979-1989) *Dragunow*-Gewehre erbeuteten, gelangten einige Exemplare in den Westen.

zwei von links und rechts über Lauf und Gasrohr zusammengesetzten Halbschalen.

Damit sich die Gewichtsverteilung der Waffe im Schuß möglichst wenig verändert, setzten die Techniker anders als beim AK-Sturmgewehr auf einen von der Gaskolbenstange getrennten Verschlußträger. Sie stößt wie bei den *Tokarew*-Gewehren (siehe Seite 84) den Träger nur an, der danach separat zurückläuft. Würden beide wie bei den Sturmgewehren oder dem rumänischen *FPK* (siehe Seite 78) eine Einheit bilden, verlagerte sich der Schwerpunkt des Gewehrs durch die gegenüber dem AK längere und passend zur stärkeren Patrone schwerere Stange weiter nach hinten und mit dem Vorschnellen wieder nach vorn, so der Gedanke. Somit kann das *Dragunow SWD* als gelungene Mischung der Waffen von Kalaschnikow und Tokarew gelten.

Um sicherzustellen, daß der Gaskolben bei vereistem oder verschmutztem System zum sauberen Repetieren genügend Schub erhält, kann der Schütze die beiden vor dem Handschutz liegenden Entlastungsbohrungen des Gasrohrs durch Drehen der darüber geschobenen Hülse verschließen – diese mit einer »2« markierte Position bietet sich gleichzeitig für das Schießen mit leichter laborierten Scheibenladungen an.

Und damit lassen sich Streukreise um die 30 Millimeter pro fünf Schuß auf 100 Meter erreichen, was jedoch eine langsame Schußfolge und leichte Geschosse bis etwa 147 Grains voraussetzt. Normal geladene Qualitätspatronen mit gewichtigeren Projektilen liefern dagegen nur etwa 70 bis 80 Millimeter große Trefferbilder. Bei schnelleren Schußfolgen erwärmt sich der Lauf sehr schnell und die Einschläge auf der Scheibe beginnen zu wandern. Unterstützt wird das Aufheizen des Laufs von den

Steckbrief:	**Dragunow SWD**
• Hersteller:	Maschinenfabrik Ischewsk (GUS)
• Kaliber:	7,62 x 54 R
• System:	Gasdrucklader mit Drehriegel
• Magazinkapazität:	10
• Lauflänge (mm):	615
• Gesamtlänge (mm):	1220
• Visierlänge (mm):	585
• Gewicht:	4550 (mit Zielfernrohr)
• Preis 1999 ca. (DM/Euro):	4000-4500/2050-2300,-

■ ***Das schlanke Dragunow ähnelt auf den ersten Blick der Kalaschnikow-Konstruktion. Der wesentliche Unterschied liegt unter dem Handschutz, ...***

gemäß Paragraph 37 zugekleisterten Lüftungsschlitzen, wodurch sich statt einer Luftzirkulation ein Hitzestau ergibt.

Das Schießen gestaltet sich aufgrund des hohen Waffengewichts und dem in der Verlängerung gesehen direkt in die Schulter weisenden Lauf sehr angenehm – trotz der an sich kräftigen Patrone und der für verwöhnte Schützen etwas schwachen, vierfachen Vergrößerung des Zielfernrohrs. Allerdings ist der Skelett-Hinterschaft für das Scheibenschießen um mindestens fünf Zentimeter zu kurz, was selbst bei kleineren Schützen zu einem verkrampften Anschlag führt. Auch der nach Kalaschnikow-Art ohne Druckpunkt durchlaufende Abzug bedarf einiger Gewöhnung, dann bereitet er jedoch keine Probleme mehr.

Stärken
- Gute Präzision bei langsamer Schußfolge
- Angenehmes Schußverhalten

Schwächen
- Hinterschaft zu kurz
- Rasche Lauferwärmung

Beim Reinigen des leicht zerlegbaren *SWD* zeigte sich, daß die Metallteile innen wie außen eine recht ordentliche Verarbeitung aufweisen. Riefen und feinere Schleifspuren gehören hier einfach dazu. Aber das hindert das russische Gewehr nicht im geringsten daran, auf den Schießständen unter den sonst üblichen, »kalt-technischen« Matchwaffen aufzufallen wie ein bunter Hund. Zudem setzt es einen Glanzpunkt in jeder Ordonnanzwaffen-Sammlung. Nur schade, daß die Bürokratie den Zugang zu diesem interessanten Scharfschützengewehr so unnötig erschwert.

■ ***... genaugenommen am Gassystem. Während die Gasstange und der Verschlußträger im AK eine Einheit bilden, besitzt das Dragunow – wie das Tokarew – eine separate Stange. Sie schubst den Träger lediglich an.***

■ Der kleine Hebel hinten am Systemgehäuse gibt beim Zerlegen den Deckel frei.

■ Die Hülse links vom Gassockel regelt den Gasstrom in zwei Positionen.

Zerlegen

- Magazin und Patronenlager leeren
- Klemmhebel an der Zielfernrohrmontage öffnen und Optik nach hinten abziehen
- Den Verriegelungshebel hinten rechts am Gehäuse nach oben schwenken und den Systemdeckel samt Verschlußfeder abnehmen
- Spanngriff zurückziehen, Verschluß und Träger aus dem Gehäuse heben
- Verschluß drehen, bis die Steuerwarze aus der der Steuerkurve rutscht
- Verschluß aus dem Träger ziehen
- Sicherungsflügel senkrecht stellen und nach rechts aus dem Gehäuse ziehen
- Abzugsgruppe nach unten herausziehen
- Entriegelungshebel vorn rechts am Vorderschaft nach unten schwenken, nach rechts drehen
- Die Abschlußhülse nach vorn drücken und die Schafthälften nach hinten abziehen
- Gasstange gegen den Druck der Rückholfeder nach hinten ziehen und vorn schräg seitlich vom Gaszylinder weghalten
- Gaskolben aus dem Zylinder und die Gasstange nach vorn herausziehen

■ Die ZF-Montage greift über die Schiene links am Waffengehäuse. Aufgrund ihres Leuchtabsehens galt die Optik in Deutschland für einige Zeit als verbotener Gegenstand.

Baikal Medwed

Eigentlich wußte ich nur aus einem amerikanischen Fachbuch, daß es den zivilen *Medwed*-Selbstlader auf dem Markt gab. Um so größer war mein Erstaunen, als ich für dieses Buch das in den Waffenwerken Ischewsk unter dem Markennamen »Baikal« vertriebene Gewehr angeboten bekam. Ischewsk ist heute die Hauptstadt der autonomen Udmurtischen Republik, einem Mitglied der GUS, und liegt etwa 1100 Kilometer östlich von Moskau am Ural. Das im Jahr 1942 als Militärwaffen-Fabrik gegründete Unternehmen liegt mitten in der Stadt, deren Einwohnerzahl mit rund 630.000 etwa Stuttgart entspricht. Im Unternehmen bessert heute (1999) noch der berühmte Konstrukteur Michail Kalaschnikow seine armselige Rente als Berater auf. Neben Waffen stellt die Firma verschiedenste Geräte her, von der Verpackungsmaschine bis zum Herzschrittmacher.

Medwed heißt auf deutsch »Bär«, was sich wohl auf das dicke Kaliber 9,3 x 54 R und/oder die mögliche Verwendung auf der Bärenjagd bezieht. Entsprechend seinem Einsatzzweck besitzt das Gewehr einen jagdlichen Nußbaum-Hinterschaft, nur die Lüftungsbohrungen in den beiden langen Sperrholz-Hälften des Vorderschafts erinnern ein wenig an den militärischen Ahnen. Sämtliche Schaftteile erhielten eine Lackschicht.

Tatsächlich stammt die Technik vom *Dragunow*-Scharfschützengewehr ab, was sich am deutlichsten am Gassystem zeigt. Jedoch lassen sich die Entlastungsbohrungen nicht verschließen, was bei einer zivilen und daher weniger unter Verschmutzung oder Eis leidenden Waffe auch unnötig ist. Weiter verfügt das *Medwed* ebenfalls über einen Drehriegel-Verschluß und der niedrige, fast filigran wirkende Spanngriff weist ebenfalls auf das *Dragunow* hin.

Dann ändert sich das Bild. Statt ein zehnschüssiges Einsteckmagazin aufzunehmen, liegt der Fünf-Schuß-Speicher der Jagdbüchse in einer nach unten aufschwenkenden Klappe, die mit zwei federnd gelagerten Nasen im gefrästen Verschlußgehäuse verriegelt. Außerdem fehlt dem Bären der Kalaschni-

kow-artige Sicherungsflügel, stattdessen verfügt er über einen griffgünstig hinten rechts an der Systemhülse plazierten Schieber. »0« steht dabei für feuerbereit, wobei sich der Verschluß nicht vollständig zurückziehen läßt. Darüberhinaus ließe sich noch eine Reihe kleinerer Unterschiede aufzählen.

Arbeitsspuren zeigen sich in erster Linie an den flachen, ausgefrästen Mulden in Systemgehäuse und Zielfernrohr-Montage sowie auf den Innenseiten. Den Rest kaschiert eine dicke, schwarze Lackschicht, die statt einer Brünierung die Metallteile bedeckt.

Der Abzug zeigt die für russische Waffen typische Charakteristik, sprich: Der Schuß fällt ohne Druckpunkt im Laufe des Abzugswegs – kein Manko, sondern eine Eigenart. Unter den mitteleuropäischen Jägern könnten sich allerdings wohl nur wenige damit anfreunden. Viel eher schon mit dem Absehen des mitgelieferten Zielfernrohrs. Hier zielt der Schütze über einen Zielstachel und zwei links und rechts an dessen Spitze angeordnete Querbalken, die an das Absehen 1 (»Normalabsehen«) erinnern.

Auf ein Testschießen wurde verzichtet. Erstens mangels geeigneter Munition und zweitens aufgrund der Seltenheit des Gewehrs, das deshalb kaum auf den Schießstand gelangen dürfte. Somit muß das *Medwed* als reines Sammlerobjekt gelten, obwohl die Patrone trotz der mit 110 Zentimetern doch ziemlichen Länge des Gewehrs theoretisch auch einen Einsatz bei der Drückjagd auf Wildschweine nahelegt. Aber es wäre um jede Macke in der Waffe schade, schließlich bildet sie sicherlich einen Glanzpunkt jeder Sammlung.

■ ***Der Kornträger bildet gleichzeitig den kurzen Mündungsfeuerdämpfer. Der Hebel darunter fixiert den Putzstock.***

Steckbrief:	**Baikal Medwed**
• Hersteller:	Baikal, Ischewsk/GUS
• Kaliber:	9,3 x 74 R
• System:	Gasdrucklader mit Drehriegel
• Magazinkapazität:	5
• Lauflänge (mm):	550
• Gesamtlänge (mm):	1100
• Gewicht (g):	3700 (mit Zielfernrohr)
• Preis 1999 ca. (DM/Euro):	2400,-/1220,-

■ ***Bärige Sache: Das russische Medwed (= Bär) ist eine schlanke und führige Jagdbüchse, die ab Werk mit einer vierfach vergrößernden Optik kommt.***

Zerlegen

- Magazin und Patronenlager leeren
- Zerlegeknopf links hinten am Gehäuse eindrücken
- Gleichzeitig Verschlußdeckel vorschieben und, sobald der Zerlegepunkt rechts unten am Deckel das Gegenstück im Gehäuse erreicht, den Deckel anheben und gegen den Federdruck zurückgleiten lassen
- Sicherungshebel nach vorn drücken, Verschlußträger ganz nach hinten ziehen und herausnehmen.
- Verschluß aus dem Träger ziehen
- Den kleinen Demontagedrücker am Ende des Vorderschafts einpressen und die geriffelte Oberseite des Schaftrings zum Korn hin ziehen
- Die Hälften des Vorderschafts abnehmen
- Gasstange ganz zurückziehen, seitlich am silberfarbenen Gaskolben vorbeidrücken und nach vorn herausgleiten lassen
- Gaskolben abziehen

In seine Einzelteile zerlegt wird die enge Verwandschaft des Medwed mit dem Dragunow-Scharfschützengewehr deutlich.

■ *Ähnlich wie beim Browning BAR II sitzt das Magazin im nach unten aufklappenden Deckel des Magazinschachts. Verschluß und Träger sind sehr sauber gearbeitet.*

■ *Der Zerlegeknopf ist links am Gehäuse angebracht, der Sicherungshebel genau gegenüber. Die Führungsstange der Verschlußfeder ist hinten im Verschlußdeckel befestigt.*

■ *Im Unterschied zum Dragunow besitzt das Medwed am Gaszylinder keine Einstellmöglichkeit für den Gasdruck.*

FPK

»Keine Draculas aus Transsylvanien« – mit diesem Spruch pries ein Händler seine russischen *Dragunows* gegenüber der Konkurrenz an, die das rumänische *Scharfschützengewehr FPK* im Programm führte. Dabei erwiesen sich die eigenständig entwickelten und inzwischen ebenfalls unter den 37er fallenden Waffen aus »Muränien« als recht ordentliche Gewehre, die außer der jeweils beachtlichen Länge kaum Gemeinsamkeiten mit der russischen Konstruktion besitzen – auch wenn Fachzeitschriften von »rumänischen Kopien des SWD« sprachen. Denn lediglich beide Systemgehäuse können ihre Verwandtschaft mit dem Kalaschnikow-Entwurf nicht leugnen, ansonsten orientierten sich die Rumänen höchstens am *SWD* – denn das *FPK* liegt bedeutend näher am *AK* als das *Dragunow*. Schließlich ist die rumänische Waffe im Grunde nichts anderes als ein auf die 7,62 x 54 R angepaßtes *AKM* (geprägtes Gehäuse) mit längerem Lauf und Schichtholz-Hinterschaft in Skelett-Ausführung. Kalaschnikows System bot sich als Ausgangsbasis zum Verschießen der langen Patrone an, da der Verschluß während des Repetiervorgangs weiter zurückfährt als für die kleine 7,62 x 39 mm eigentlich nötig. Das hintere Ende des Verschlußgehäuses verstärkten die rumänischen Entwickler mit zwei Stahlplatten, die am Übergang zum Hinterschaft deutlich zu sehen sind. Sie verhindern, daß der munitionsbedingte heftige Aufprall des Verschlußträgers die Systemhülse beschädigt.

Wie beim *Dragunow* liegt auf der linken Gehäuseseite eine Prismenschiene für die ZF-Montage, gleichzeitig blieb ebenfalls die offene Visierung erhalten. Im Unterschied zum russischen Verwandten besitzt der Rumäne einen fest mit der Gaskolbenstange verbundenen Verschlußträger. Zudem verfügt der Hinterschaft statt der aufgesetzten Backe über eine Wölbung im Schichtholzteil, die recht elegant aussieht. Allerdings fiel es wie beim Russen sehr kurz aus, was selbst durchschnittlich großen Schützen durch den geringen Abstand zu Abzug und Zielfernrohr das Schießen erschwert. Aber schließlich sollte das Gewehr sowohl den präzisen Schuß ermöglichen als sich auch zum Sturmangriff eignen und mußte deshalb möglichst kompakt gestaltet werden – zumal es im Schützenpanzer eng zugeht und zu jeder Schützengruppe ein ZF-Schütze gehört. Entsprechend dem AK-Sturmgewehr endet der Handschutz des *FPK* ein Stück hinter dem Vorderschaft, beide bestehen aus Buchenholz. Ach ja: »Natürlich« zählt das FPK inzwischen zu den verbotenen Gegenständen.

Ein ganz wesentlicher Unterschied zum *SWD* liegt im Gaskolben, der in seiner Verlängerung wie beim AK gleichzeitig Gasstange und Verschlußträger bildet. Außerdem gibt es keine Verstellmöglichkeit für die Gasmenge. Militärüblich besitzen auch die *FPKs* keine sonderlich liebevolle Oberflächen-Bearbeitung. So zeigen die teils geprägten Metallteile an den meisten Stellen irgendwelche Arbeitsspuren, was der Funktion aber nicht schadet. Jedoch zeigen sich *FPK*-Abzüge ebenfalls als rauhe Gesellen. Dies läßt sich aber durch sorgfältiges Polieren der gleitenden Flächen beheben. Nicht zuletzt dürfen sich verwöhnte Augen nicht an überstehenden Kanten zwischen Metall und Schaftholz stören.

Durchblick

Das vierfach vergrößernde Zielfernrohr des *FPK* ist ein Ableger der russischen PSO 1-Optik, die sich beim *Dragunow* findet. Die Worte »SUS« und »JOS« auf dem oberen Turm stehen für »hoch« und »runter«, »DREAPTA« und »STINGA« bedeuten »rechts« und »links«.

Stärken
- Schönes Äußeres
- Leicht zu zerlegen

Schwächen
- Mäßige Schußpräzision
- Hinterschaft zu kurz

Obwohl immer wieder als Dragunow bezeichnet, ist das FPK (das Magazin ist an dieser Waffe nicht eingesetzt) tatsächlich eine gewissermaßen vergrößerte Kalaschnikow mit Skelett-Hinterschaft...

Während sich die Höhe des Schaftrückens sehr gut für das Schießen über die offene Visierung eignet, dürfte sie für Zielfernrohr-Schützen etwas höher ausfallen, sonst geht beim Durchblick der Wangenkontakt weitgehend verloren. Beim Testschießen bewies die kräftige 7,62 x 54 R schließlich, daß auch ein Selbstlader den Rückstoß kaum abfängt. Und so gab es Schuß für Schuß auch beim FPK kräftig was zu spüren, obwohl die hohe Verschlußmasse doch einen Teil abfängt. Wie von Kalaschnikow-Systemen gewohnt, brachte auch das *FPK* keine Wunder in punkto Trefferleistung zustande. Fünf-Schuß-Streukreise zwischen 80 und 120 Millimeter sind mit Zielfernrohr die Regel, mit handgeladener Munition lassen sich jedoch Streukreise unter 70 Millimeter realisieren. Wäre der nach KWKG entfernte Mündungsfeuerdämpfer noch vorhanden, würde die Waffe möglicherweise besser schießen. Denn die fehlenden Gramm an der Mündung beeinflussen sicherlich negativ das Schwingungsverhalten des Laufs.

Das Reinigen fällt durch die verchromte Laufseele und den gleichermaßen veredelten Gaskolben in diesen Bereichen recht leicht. Auch die übrigen Flächen lassen sich gut erreichen.

Fest steht, daß man sich mit einem *FPK* der Aufmerksamkeit anderer Schützen auf fast jedem Schießstand sicher sein kann. Ein vorsichtiges »Darf ich vielleicht auch mal zwei Schuß...« ist fast an der Tagesordnung. Und der Sammler kann sich an einem Stück jüngster Geschichte freuen, das mit dem Ende der kommunistischen Herrschaft in den Westen gelangte.

Unter der Bezeichnung *Police Sniper* gibt es einen etwas ziviler aussehenden Ableger, wahlweise in 7,62 x 54 R oder .308 Win. Er besitzt keine offene Visierung und ist nur für den Schuß über die Optik gedacht. Darüber hinaus besitzt die Waffe einen eher sportlichen Lochschaft. Obwohl das Gewehr mit 2800 Mark einst deutlich weniger kostete, wird es mittlerweile mit ähnlichen Sammlerpreisen gehandelt.

Zerlegen

Wie bei der AK-Familie:

- Magazin entnehmen
- Patronenlager leeren
- Knopf hinten am Systemdeckel drücken und Abdeckung abheben
- Federführung nach vorn drücken, anheben und nach hinten herausziehen
- Verschlußträger bis zum Anschlag zurückziehen und nach oben herausnehmen
- Entriegelungshebel des Gasrohrs rechts am Kimmensockel nach vorn schwenken, Rohr abnehmen

Steckbrief:	**FPK (Rumänien)**
• Kaliber:	7,62 x 54 R
• System:	Gasdrucklader mit Drehriegel
• Magazinkapazität:	10 und 15
• Lauflänge (mm):	620
• Gesamtlänge (mm):	1095
• Visierlänge (mm):	555
• Gewicht (g):	4700 (mit Zielfernrohr)
• Preis 1999 ca. (DM/Euro):	4000-4800,-/2040-2450,-

■ *... was sich ebenfalls an den »Innereien« zeigt.*

■ *Das Zielfernrohr nach russischem Vorbild klammert sich an die Prismenschiene auf der linken Seite des Gehäuses.*

OST-KONSTRUKTIONEN MIT KIPPBLOCK

VZ 52/57

Beim Bau von Selbstladegewehren lagen die Tschechen vor dem Zweiten Weltkrieg ganz gut im Rennen. Denn bereits zwischen 1922 und 1924 entwickelte der Konstrukteur Emanuel Holek in den heute weltbekannten Tschechischen Waffenwerken *(Ceskáslovenska Zbrojovka AG,* kurz CZ) in Brünn einen Halbautomaten mit gasgetriebenem Kippblockverschluß im Kaliber 8 x 57 IS, der 1929 als *ZH 29* für Aufsehen sorgte. Darunter waren auch einige vollautomatisch schießende Exemplare. Das mit einem geteilten Schaft versehene *ZH 29* testeten sogar die amerikanischen Truppen, allerdings im damals zur Diskussion stehenden Kaliber .276 Pedersen. Schließlich unterlag es dem amerikanischen Pedersen-Selbstlader (Kniegelenk-Verschluß) und vor allem dem später so erfolgreichen *Garand*. Trotzdem konnte CZ sein *ZH 29* – wenn auch in geringer Stückzahl – immerhin nach Äthiopien und Thailand verkaufen.

1937 entwarfen Frantisek und Josef Koucky ihr Modell *ZK 371* – wiederum einen Gasdrucklader mit Kippblock. Es folgte die Weiterentwicklung *ZK 381*, die im Sommer 1938 in der Sowjetunion im Kaliber 7,62 x 54 R erfolgreich erprobt wurde. Jedoch entschied sich die Rote Armee für die *Tokarew*-Eigenproduktion. Das Nachfolgemodell *391* besaß einen Drehriegel-

verschluß und wurde bis 1943 auch in Italien gefertigt. Und 1942 und 43 entstanden unter deutscher Leitung die Modelle *ZK 420* und *425*. Die vom System und der Vollschäftung her etwas an das spätere amerikanische *M 14* erinnernde, vor allem durch ein Einsteckmagazin verbesserte Ausführung *ZK 420 S* stellten die Tschechen 1946 vor. Sie nahm an Tests in verschiedenen Ländern von der Schweiz über England bis nach Israel teil, konnte sich jedoch durch die aufwendige Fertigung nicht als Massenprodukt durchsetzen. Trotzdem fand das Gewehr im zivilen Bereich eine ganze Reihe von Abnehmern.

Zu den militärischen Konkurrenten zählte eine als *CZ 493* bezeichnete Waffe, die schließlich über das *CZ 502* in das bekannte *Vzor* (Modell, kurz *VZ) 52* mündete, das 1952 bei den Truppen der Tschechoslowakei eingeführt wurde. Zunächst verschoß das mit einem einteiligen Holzschaft versehene Gewehr die tschechische Patrone 7,62 x 45 mm (M 52). Als Mitglied des Warschauer Paktes mußte das Land jedoch die sowjetische Patrone 7,62 x 39 mm (M 43) übernehmen, was 1957 mit dem Bau des *VZ 52/57* geschah. Nur ein Jahr später kam das Sturmgewehr *VZ 58*, ein AK 47-Nachbau, zur Truppe und löste das *52/57* ab. Die in großen Stückzahlen vorhandenen *VZ 52* und eine geringere Menge des 57er Modells wurden verkauft. Sie fanden sich schließlich in weiten Teilen Afrikas, auf Kuba, in Nicaragua und Syrien wieder. Darüber hinaus fertigte CZ das *VZ 52/57* – wie das hier vorgestellte Exemplar – speziell für den Export.

Steckbrief:	**VZ 52/57**
• Hersteller:	Ceska Zbrojovka, Brünn/Tschechische Republik
• Kaliber:	7,62 x 39 mm (M 43)
• System:	Gasdrucklader mit Kippblock
• Magazinkapazität:	10
• Lauflänge (mm):	525
• Gesamtlänge (mm):	1050
• Gewicht (g):	3950 (ohne Klappbajonett)
• Preis 1999 ca. (DM/Euro):	500-950,-/250-480,-

Das Gewehr ist mit seiner Länge von wenig mehr als einem Meter handlich und sieht durch seine gerade Linienführung außerdem ganz gut aus. Im Unterschied zum durchgehenden Holzschaft bestehen etwa die vorderen zwei Drittel aus einem Prägeteil aus dickem Stahlblech, im hinteren Bereich ist es mit Holz kaschiert. Jedoch erwartet den Kunden statt einer Brünierung eine kräftige graue oder schwarze Lackschicht, die sich ebenfalls auf dem Verschlußträger des Kippblockverschlusses sowie auf dem Gehäusedeckel findet.

Weiteren Schutzlack verpaßten die Tschechen im Tauchbad dem Schaft, nachdem sie das Holz wahrscheinlich zur Tarnung vorher leicht fleckig schwarz einfärbten. Der Lack fühlt sich etwas klebrig an, aber das findet sich häufig bei Ostblockwaffen, und solange er nicht – wie immer wieder erlebt – erbärmlich stinkt, läßt es sich damit leben. Übrigens gibt die mittels Klipshalterung befestigte, stählerne Kolbenkappe nach dem Abnehmen zwei große Bohrungen im Holz frei, die sich zum Verstauen von Putzzeug eignen. Und der vordere Abschluß trägt das Gelenk für das seitlich an den Schaft anklappbare Bayonett, das montiert in einer langen Mulde rechts vorn im Schaft anliegt.

Die Metallteile zeigen überall Bearbeitungsspuren, sofern sie eine Parkerisierung statt des alles verdeckenden Lacks als Oberflächenschutz erhielten. Dennoch wirkt die Waffe sehr solide. Befremdlich wirkt nur der Zubringer im Magazin, der aus einem völlig roh belassenen Alugußteil besteht. Allerdings gibt es auch Ausführungen aus Stahlblech.

Als Zielhilfe dient beim *VZ 52/57* eine Tangential-Kimme mit U-Ausschnitt und ein Balkenkorn, das sich nach Abnehmen des

■ ***Das VZ 52/57 fällt durch eine ungewöhnlich gerade Linienführung auf.***

■ ***Beim Zerlegen zerfällt das Gewehrs in nur wenige Einzelteile, zumal das Gassystem am Lauf bleibt.***

Korntunnels mit dem Korntreiber im Schwalbenschwanz seitlich verstellen läßt. Der Spannhebel liegt rechts, der Sicherungsschieber garandmäßig im Abzugsbügel und kurz davor der breite, bequem bedienbare Magazinhalter. Zwar aktiviert der Zubringer des Magazins nach dem letzten Schuß den Verschlußfang, jedoch gibt es dafür kein separates Bedienelement. Da hilft nur ein Druck mit dem Zeigefinger durch den Magazinschacht auf den federnd gelagerten Fangstift.

Das Zielen fiel trotz etwas weiter Lichtspalte ziemlich leicht und auch die Höhe des Schaftrückens ist richtig bemessen. Insgesamt lag die Waffe sauber und bequem im Anschlag, was das Schießen zusammen mit dem leichten Rückstoß der M 43 zu einer ungetrübten Freude machte. Auch der Abzugswiderstand von 1800 Gramm sowie seine trockene Charakteristik ließen keine Wünsche offen. Darüber hinaus erzielte das *VZ 52/57* mit tschechischer Munition Trefferbilder bis hinunter auf 60 Millimeter pro fünf Schuß, womit das Gewehr zu den genauesten Selbstladern in 7,62 x 39 mm zählt. Etwas gewöhnungsbedürftig ist nur der Hülsenauswurf direkt nach oben.

Das Zerlegen des Gewehrs gestaltet sich recht einfach, jedoch verhinderte bei der abgebildeten Waffe ein Schweißpunkt hinten im Verschlußgehäuse, daß der Verschlußträger seine hinterste Position erreicht. Dadurch ließ sich die Einheit von Verschluß und Träger zum Reinigen nicht entnehmen – und wieder ein 37er-Schwachsinn mehr.

Zerlegen

- Magazin entnehmen
- Spannhebel repetieren
- Gehäusedeckel ganz nach vorn schieben, abheben und vorsichtig mit dem Druck der Verschlußfeder nach hinten führen
- Verschlußfeder samt Führungsstange herausnehmen
- Verschlußträger und Verschluß nach hinten ziehen und herausheben
- Beide Sperren des Handschutzes eindrücken und Oberteil abnehmen
- Schaftschraube nach Entfernen der Sicherungsschraube herausdrehen
- Den Knopf der Schaftverriegelung rechts vorn am Schaftabschluß eindrücken und Riegelstück zur Mündung hin abziehen
- System aus dem Schaft heben
- Sicherungsschraube des Gassystems mit einem 22 mm-Gabelschlüssel abschrauben
- Zweite Schraube mit einem 23 mm-Schlüssel (falls nicht verfügbar einen Schraubstock nehmen) herunterdrehen
- Der Kornträger läßt sich nach Abschrauben der Mündungsmutter und Heraustreiben des Sicherungssplints abnehmen

Für das Gassystem ließen sich die CZ-Techniker etwas ganz besonderes einfallen, was nebenbei mit die schlanke Form der Waffe ermöglichte. Denn statt einer über oder unter dem Lauf

Stärken
- Günstiger Preis
- Ungewöhnliches Gas-system
- Robuster Aufbau
- Sehr gute Schußpräzision
- Guter Abzug

Schwächen
- Schlechter Schaftlack

angebrachten Gasstange ist die gesamte Konstruktion um den Lauf gelegt. So gibt es statt eines Gaskolbens einen beweglichen Gaszylinder, der auf dem Lauf gleitet. Die heißen Gase strömen aus der Laufbohrung in einen abgeschlossenen Hohlraum im Zylinder. Er rast zurück und wirft ein halbrund gebogenes, etwa 17 Zentimeter langes Übertragungsstück aus Stahlblech nach hinten. Dieses schiebt einen weiteren Zylinder an, hinter dem die Rückholfeder sitzt. Zwei Nocken des Zylinders stoßen schließlich durch entsprechende Öffnungen in der Systemhülse und schubsen den Verschlußträger an: ein typisches Short stroke-Gassystem. Der Träger läuft zurück, läßt den Verschluß über eine Steuerkurve nach oben kippen und der Weg ist nach dem Entriegeln der vier vorn in zwei Reihen am Verschluß sitzenden Nocken frei. Näher betrachtet ähnelt die Gastechnik der des deutschen Walther-Maschinenkarabiners *Mkb 42 (W)*, einem Vorläufer des berühmten *Sturmgewehr 44*.

Bereits dieses Gassystem macht das vergleichsweise preisgünstige *VZ 52/57* zu einer Bereicherung jeder Sammlung. Allerdings verhindert es auch den Einbau eines dickeren Matchlaufs. Jedoch reicht seine Schußleistung schon ab Werk für sportliche Ehren, sofern die Waffe im Kreise anderer M 43er antritt. Und mit Sicherheit bereitet das *VZ 52/57* eine Menge preisgünstigen Schießspaß.

Ein Schweißpunkt hinten im Gehäuse verhindert KWKG-konform das Herausnehmen des Verschlußträgers und damit des Verschlusses.

Die Gasbohrung (links unter dem Gewinde) wirft die Hülse (darüber) zurück. Diese treibt das Übertragungsstück an, dessen zwei Nocken den Impuls an den Verschlußträger weiterleiten.

Zum Abnehmen des Handschutzes muß der Schütze die Verriegelungsknöpfe unter dem Schaftband eindrücken. Unten am Abzugsbügel liegt der Sicherungsschieber im Garand-Stil sowie der griffige Magazinhalter.

Der Schaftabschluß dient gleichzeitig als Halterung für das Klappseitengewehr, das normalerweise links in der Aussparung des Schafts liegt, gemäß KWKG aber abgenommen werden muß, damit Sportschützen keinen Bajonettangriff üben können...

Tokarew SWT 1938 und SWT 1940

Bereits im Jahr 1907 arbeitete der russische Ingenieur Fjodor Wassiljewitsch Tokarew wie seine Kollegen Fjodorow und Rotschepej an der Entwicklung eines Selbstladers, der unglücklicherweise auf dem Mosin-Nagant-Repetierer *M 1891* basieren sollte – eine technisch unsinnige Aufgabe. Der I. Weltkrieg unterbrach die Arbeit und Tokarew diente zunächst anderthalb Jahre in der Armee des Zaren. Ab 1916 entwickelte er sich dann zu einer der bedeutendsten russischen Waffenkonstrukteure.

Er änderte im Jahr 1925 in den rund 250 Kilometer südlich von Moskau gelegenen Waffenwerken Tula die Konstruktion des schweren Maxim-Maschinengewehrs auf das leichte MG mit der Bezeichnung *MT (MaximTokarew) M 1925.* Weiter entwarf der *Oruscheinik* (russ. für Waffenkonstrukteur) 1925 die erste sowjetische Maschinenpistole, die einem besonders kurz geratenen Karabiner ähnelte. Nach 1930 folgten die *TT (Tula Tokarew) M 1930* und *M 1933*-Pistolen sowie schließlich das Selbstladegewehr *SWT 38 (Samosarjadnaja wintowka sistemy Tokarewa obrasez 1938 goda* = Selbstladegewehr System Tokarew Modell des Jahres 1938). Allerdings reichen die Wurzeln von dessen Entwicklung bis in die 20er Jahre zurück.

Nach zahlreichen Versuchen mit den Vorgänger-Modellen *M 1930* und *M 1935* setzte sich Tokarews Waffe 1939 auf persönliche Weisung Stalins unter anderem gegen den mit etwa 40.000 Exemplaren bereits bei der Truppe eingeführten Simonow-Entwurf *AWS M 1936* durch. Für das *SWT* sprachen die geringeren Zuführ- und Auswurf-Schwierigkeiten sowie der schwächere Rückstoß trotz gleichem Kaliber, der alten russischen Randpatrone 7,62 x 54 R. Die ersten Exemplare des *SWT 1938* gelangten im Frühjahr 1939 zur Truppe. Die Massenfertigung lief aber erst im Oktober an, kurz nachdem sowjetische Truppen – wie zuvor deutsche – in Polen einmarschiert waren, dessen östliche Gebiete Stalin dem Sowjetreich einverleibte. Wie man heute weiß, sollte das nächste Ziel Deutschland sein. Und für den Fall der Fälle war Eile geboten.

Jedoch zeigten sich bereits im Winterkrieg 1939/40 gegen Finnland die Schwachpunkte der Waffe. In der Folge überarbeitete Tokarew das Gewehr und ersetzte dabei den zu Brüchen neigenden, zweiteiligen Schaft durch eine einteilige Ausführung. Das neue Modell hieß SWT 1940 und unterschied sich vom Vorgänger äußerlich neben dem neuen Schaft durch einen statt zwei Schaftringe, den Putzstock vorne unter dem Lauf sowie den größeren Magazinhalter. Neben der halbautomatischen Standard-Ausführung fertigten die Russen noch das weitaus seltenere vollautomatische *Modell AWT 40*. Vom *SWT 40* entstanden immerhin 1.322.085 Stück, seine Scharfschützenausführung mit PU-Zielfernrohr und entsprechenden Montagenuten im Verschlußgehäuse kam auf 51.710 Exemplare. Die Fertigung lief nach Ende des II. Weltkriegs aus und das *SKS* (siehe Seite 88) trat seinen Dienst an.

Das *Tokarew* weist aufgrund der Kriegsfertigung und der dadurch gebotenen Zeit- und Kostenersparnis an vielen Stellen eine grobe Bearbeitung auf, jedoch erhielten die Funktionsflächen ein einwandfreies Finish. Mit seiner Gesamtlänge von 122 Zentimetern ist es ein recht unhandliches, aber gleichzeitig sehr schlank und elegant wirkendes Gewehr. Ebenso fiel das Gehäuse des Kippblock-Verschlusses sehr lang aus, und der beim vorliegenden Stück mit einer angeschweißten Hülse verdeckte Mündungsfeuerdämpfer verstärkt den Eindruck. Stichwort Abdekkung: Hinter dem Sockel des Gaspistons liegen unter zwei aufgenieteten Blechen die durchbrochenen Kühlbleche oder sie fehlen einfach ganz und geben den Blick frei auf Pistongehäuse und Gasstange. Häufig werden zusätzlich die Lüftungsschlitze im Handschutz zugekleistert.

Mit seinem Einsteckmagazin war das *Tokarew* dem 1936 eingeführeten amerikanischen *Garand*-Gewehr (siehe Seite 93), das über Ladestreifen »gefüttert« wurde, einen großen Schritt voraus – auch für Sportschützen eine praktische Sache, zumal der Magazinhalter recht groß geraten (Handschuhe!) und leicht zu betätigen ist. Zudem setzte Tokarew auf ein *Short-stroke*-Gassystem (siehe Seite 173), das wesentlich leichter als Garands Konstruktion ist und im Schuß die Balance der Waffe nicht verschiebt, abgesehen vom zurückfahrenden Verschluß. Damit die Auszieherkralle die leere Hülse leichter ausziehen kann, erhielt das Patronenlager wie später jenes des *G 3* mehrere längs liegende Einfräsungen im vorderen Drittel. In sie gelangt ein kleiner Teil der Gase, die den Sitz der leeren Hülse lockern. Dadurch kommt es beim *Tokarew* im Unterschied zu Gewehren wie dem

■ Selbstladegewehr Tokarew SWT 40. Gemäß KWKG deckt eine Hülse den Mündungsfeuerdämpfer ab, die gelochten Lüftungsbleche liegen unter aufgenieteten Blechen verborgen.

Steckbrief:	**Tokarew SWT 40**
• Hersteller:	UdSSR
• Kaliber:	7,62 x 54 R
• System:	Gasdrucklader
• Magazinkapazität:	10
• Lauflänge (mm):	620
• Gesamtlänge (mm):	1220
• Gewicht (g):	3800
• Preis 1999 ca. (DM/Euro):	1000-1500,-/510-760,-

■ *Fjodor Wassiljewitsch Tokarew (1871-1968).*

■ ***Das Tokarew läßt sich, wie alle russischen Handwaffen, fast ohne Werkzeug in seine Einzelteile zerlegen...***

schwedischen *AG 42 B* oder dem deutschen *G 43* (siehe Seite 126 und Seite 19) kaum zu abgerissenen Auszieherkrallen oder Hülsenböden.

Durch seine starke Vorderlastigkeit eignet sich das *SWT 40* am besten zum Schießen vom Sandsack, im stehend freihändigen Anschlag gerät das Schießen schnell zum Armmuskel-Training oder zur Zitterpartie. Der geringe Spannwiderstand macht das Durchladen auch für zarte weibliche Schützen zum Kinderspiel. Das Zielbild von Rechteckkimme und Balkenkorn eignet sich durch die passend dimensionierten Lichtspalte bestens für einen präzisen Schuß. Dazu trägt auch die mit 575 Millimetern ausreichend lange Visierlinie bei.

Der Abzug lief glatt bis zum Druckpunkt, um dann weich über einen gut fünf Millimeter langen Kriechweg zu schleichen und bei für ein Militärgewehr ordentlichen 2600 Gramm auszulösen. Am besten scheint das *Tokarew* 200 Grains schwere Geschosse von Matchpatronen (unter anderem von Lapua) zu vertragen. Schließlich erzielte es nur damit Streukreise unter 70 Millimeter, wohlgemerkt bei höchstens warmem Lauf. Ist das Rohr heißgeschossen, springen die Fünf-Schuß-Gruppen auf bis zu 150 Millimeter auf. Mit leichteren, um die 147 Grains Projektilen von Militärmunition sind weitere fünf Zentimeter drin. Ein Problem stellt in diesem Zusammenhang wiederum der ummantelte Mündungsfeuerdämpfer dar, der mit Sicherheit für Verwirbelungen sorgt. Einfaches Absägen ist durch die dann veränderten Gewichtsverhältnisse des Laufs ebenfalls keine Lösung.

Ungeachtet dessen kann das *Tokarew* durchaus als präziser Selbstlader gelten, der mit einem durchschnittlichen *K 43* mithält. Und von der Warte des Sammlers aus betrachtet, ist keine Weltkrieg-II-Sammlung ohne diese Waffe komplett.

Stärken
- Gute Visierung
- Ordentliche Trefferleistung
- Starke Munitionsfühligkeit

Schwächen
- Starke Vorderlastigkeit
- Heftiger Rückstoß

■ ***... nur beim Entriegeln der Abzugsgruppe muß eine Patronenhülse einspringen. In gesicherter Position steht der schwenkbare Sicherungshebel hinter dem Abzugszüngel und blockiert es.***

■ *Der kritische Blick des Genossen L. ist unberechtigt: Das Gassystem des Tokarew wirkt vor allem durch die putzstock-dünne Gasstange zwar sehr filigran, funktioniert aber zuverlässig. Der hölzerne Handschutz besitzt Lüftungsschlitze, unter der Abdeckung des obersten Lüftungsblechs sind die runden Luftöffnungen zu erkennen.*

■ *Eine Aussparung am hinteren Ende des Patronenlagers ermöglicht der Auszieherkralle den Zugriff auf den Hülsenrand. Außerdem kommt der Schütze durch den großzügig bemessenen Freiraum sehr gut an eine vielleicht festsitzende Hülse heran.*

Rechts:
■ *An der Abzugsgruppe ist die grobe Bearbeitung der Metallteile besonders ausgeprägt. Der Sicherungsflügel hinter dem Züngel liegt waagerecht in entsicherter Position.*

Zerlegen

- Magazin entnehmen, Patronenlager leeren
- Den geriffelten, flachen Hebel hinten am Gehäuse so weit wie möglich nach links außen schwenken
- Mit einem stumpfen Stift oder dem Hals einer Patronenhülse der 7,62 x 54 R den jetzt in der Bohrung sichtbaren »Ring« eindrücken. Dadurch wird die von einer Hand festgehaltene Abzugseinheit entriegelt (beim Einbauen erst den Ring eindrücken, bevor die Klinke der Abzugsgruppe überhaupt angesetzt wird).
- Abzugseinheit nach unten klappen und herausnehmen (Vorsicht, fällt leicht heraus)
- Verschlußabdeckung bis zum Anschlag nach vorn schieben, jedoch noch unten halten
- Mit dem Daumen der zweiten Hand das hinten im Deckel eingehängte Ende der Federführungsstange halten und erst dann das Oberteil anheben (Achtung: gut halten, da die Verschlußfeder jetzt gespannt ist)
- Federführung hinten über das Gehäuse hinaus gleiten lassen und dann mit den beiden Federn und dem Übertragungsstück aus dem Verschlußträger ziehen.
- Träger nach hinten führen und samt Verschluß entnehmen
- Verschluß mit Daumen und Zeigefinger vorn und hinten halten, Nocken aus der Steuerkurve heben und Verschluß nach vorn abziehen.
- Den Drücker der Blattfeder vorn an der Schnittstelle zwischen Schaftholz und (Loch-)Blech eindrücken und Schaftring abziehen
- Gasstange zur Kimme hin eindrücken, aus dem inzwischen in seiner vordersten Position festgehaltenen Gaszylinder (eigentlich der Kolben) ziehen und das gesamte Gasgestänge auseinandernehmen.
- Die Einheit von Gaspiston, Korn und Mündungsfeuerdämpfer läßt sich nach dem Heraustreiben des Splints im Pistonsockel vom Lauf abschrauben (im Zweifelsfall damit zum Büchsenmacher gehen)
- Querschraube in der Mitte des Schafts herausdrehen und System abnehmen

Simonow SKS 45 / Norinco M 56

Die Wurzeln des *Samosarjadnaja Karabin Simonowa Obrazets 1945* (Selbstladekarabiner Simonow Modell aus dem Jahr 1945), kurz *SKS 45,* reichen bis in die Mitte der 20er Jahre zurück. Damals zeichnete Sergej Gawrilowitsch Simonow die ersten Entwürfe und entwickelte sie im Laufe der nächsten zehn Jahre weiter. Schließlich suchte die Rote Armee einen Selbstlader, der das Mosin-Nagant als Standardwaffe der Infanterie ablösen sollte. Bei Truppenversuchen trat die Simonow-Konstruktion als *Automaticheskaja wintowka sistemy Simonowa* gegen ein Modell von Wassili Alexejewitsch Degtjarew an. Gemeinsam war den Waffen, daß sie beide die leistungsstarke russische Randpatrone 7,62 x 54 R verschossen. Die staatliche Waffenfabrik in Ishewsk stellte etwas über 400 Stück des als *Modell 1931* bezeichneten Gewehrs her. Im März 1934 fiel die Entscheidung zugunsten des *Simonow.* Ein Jahr später mußte es sich mit dem *M 1935* von Fjodor Wassiljewitsch Tokarew messen, das schließlich unterlag.

Die Serienproduktion des in Details verbesserten *M 1936* oder *Automaticheskaya wintowka Simonowa (AWS)* begann 1937, jedoch währte die Freude nur bis 1938. In dieser Zeit fertigte die Waffenfabrik etwa 40 000 Gewehre. Der Grund für die kurze Produktionszeit lag darin, daß die Verantwortlichen den Rückstoß der etwa 4,4 Kilo schweren Waffe als zu kräftig bemängelten, außerdem kam es häufig zu Zuführ- und Auswurf-Problemen beim Verschießen unterschiedlich laborierter Munition. Das führte schließlich zur Einführung des *Tokarew SWT 1938,* das durch einen einfacheren Aufbau und größere Zuverlässigkeit überzeugte.

Simonow wetterte gegen diese seiner Ansicht nach politische Entscheidung für das *SWT.* Er führte als Argumente ins Feld,

seine Waffe sei leichter und mit weniger Material zu produzieren, und die technischen Fehler seien mittlerweile ausgemerzt. Außerdem wären die aufgetretenen Probleme in erster Linie auf die schlechte Verarbeitung zurückzuführen. Aber es half alles nichts, Stalins Entscheidung war gefallen. Trotzdem setzten die Sowjets die bereits gefertigten Exemplare des *AWS* im Winterkrieg gegen Finnland (1940) und während des II. Weltkriegs ein.

Nach dem Motto »Jetzt erst recht« arbeitete Simonow zwischen 1939 und 1941 an einem Karabiner, der auf dem *AWS* gründete, jedoch nur halbautomatisch schoß und angeblich eine Patrone 7,62 x 25 mm verfeuerte. Im Zuge der schweren Kämpfe der zweiten Kriegshälfte fiel den Russen auch eine Anzahl deutscher *MP 43* samt Munition 7,62 x 33 mm in die Hände. Letztere führte nach indirekt bestätigten Angaben zur 7,62 x 39 mm (M 1943), die wiederum sehr gut zum *SKS* paßte.

Einige hundert Waffen wurden 1944 versuchsweise an die Front geschickt, die eine äußerst positive Beurteilung erhielten.

Steckbrief:	**SKS**
• Kaliber:	7,62 x 39 mm
• System:	Gasdrucklader mit Kippblock
• Magazinkapazität:	10
• Lauflänge (mm):	520
• Gesamtlänge (mm):	1020
• Visierlänge (mm):	480
• Gewicht:	3600
• Preis 1999 ca. (DM/Euro):	800-900,-/410-460,-

Die Massenproduktion begann jedoch erst 1946, und galt gewissermaßen als Sicherheit, sollte sich der noch in der Entwicklungsphase liegende *Kalaschnikow-Automat* nicht bewähren. Allerdings erwies sich die Sorge als unbegründet, weshalb die *SKS*-Produktion nur bis Mitte der 50er Jahre lief. Bis dahin waren bereits mehrere Millionen der soliden, zuverlässigen und bedienfreundlichen *Simonows* fertiggestellt.

Zudem entstanden in einer ganzen Reihe östlicher und auch weniger kommunistisch orientierter Länder weitere *SKS* in verschiedenen Ausführungen. So fertigte China wahrscheinlich über fünf Millionen Stück, Nordkorea steuerte gut eine Million bei und Jugoslawien baute, hauptsächlich für den Export, eine unbekannte Anzahl. In Mitteldeutschland (DDR) wurden in der früheren Fabrik von Sauer & Sohn in Suhl rund anderthalb Millionen gefertigt. Bis zum Fall der Mauer waren ausgewählte Stücke des *Karabiner S* noch bei Paraden und Wachaufzügen der Nationalen Volksarmee (NVA) zu sehen. Insgesamt bauten etwa 15 Länder das Modell *SKS*.

Nachdem der Eiserne Vorhang gefallen war, gelangte das *Simonow* als reiner Halbautomat zunächst problemlos auf den zivilen Markt, wo es von Sammlern und Sportschützen mit einiger Begeisterung aufgenommen wurde. Das dicke Ende kam 1993, als die Keule des Anscheins-Paragraphen einmal mehr zuschlug. Schließlich hätte China den *SKS* als *Modell 68* auch in automatischer Ausführung gebaut, so das Argument. .

Das *SKS* zählt mit Sicherheit zu den handlichsten und ausgewogensten Selbstladegewehren. Zudem zeigen frühe *SKS* schön nachbearbeitete Oberflächen mit sauberen Passungen zwischen Metall und Holz. Im Vergleich dazu rutscht die abgebildete chinesische Version *M 56* von Norinco doch um einiges

■ **Simonow SKS. Trotz seines an sich unauffälligen Erscheinungsbildes steht das Simonow auf dem BKA-Index – Genosse L. ist sprachlos. Bei der abgebildeten Waffe handelt es sich um den chinesischen SKS-Nachbau des Staatsunternehmens Norinco. Er trägt die Bezeichnung M 56.**

■ ***Besonders fällt beim SKS die ungewöhnliche Konstruktion des Magazins mit Bodenklappe auf. Der Kippblock-Verschluß liegt hier verkehrt herum – ein falsches Zusammensetzen der Waffe ist jedoch ausgeschlossen.***

ab. Immerhin verdeckt eine dicke Brünierung viele Fräs- und Schleifspuren, außerdem sorgt nicht zuletzt der honigfarbene Schichtholzschaft für ein hübsches Erscheinungsbild. Typisch für das Erscheinungsbild des *Simonow* ist der schräg unter dem Schaft herausragende Magazindeckel, der sich zum Herausnehmen nicht verschossener Patronen aufklappen läßt.

Das Zielen gestaltete sich mit der zu flach geratenen Kimme unnötig anstrengend und der Abzug beleidigte den Finger durch herbes Kratzen. Jedoch blieb der Auslösewiderstand mit 2100 Gramm im angenehmen Bereich. Dies gilt ebenso für den Rückstoß, der sich schon munitionsbedingt – wie die guten Streukreise zwischen 60 und 75 Millimeter – in engen Grenzen hielt.

Stärken
- Gute Schußleistung
- Stark kratzender Abzug

Schwächen
- Zu flache Kimme

Vor allem deshalb ist es schade, daß um den *SKS* so ein Anscheins-Tamtam veranstaltet wird – zumal die Gewehre vor dem KWKG-Verbot lediglich knapp 400 Mark kosteten. Heute wechselt die Waffe eher für 800 bis 900 Mark den Besitzer – plus BKA-Gebühr versteht sich.

Zerlegen

- Magazin und Patronenlager leeren
- Sicherungshebel nach unten schwenken
- Den Zerlegehebel rechts hinten am Gehäuse nach oben drehen, den Gehäusedeckel festhalten und die Achse des Hebels so weit wie möglich nach rechts herausziehen
- Deckel abnehmen
- Verschlußfeder vom Verschlußträger abnehmen, Träger zurückziehen und samt Verschluß entnehmen
- Die Verriegelung des Gasrohrs rechts am Kimmensockel bis zum Anschlag nach oben schwenken
- Handschutz samt Gaszylinder und innenliegendem Kolben nach hinten abziehen
- Mit dem Schraubenzieher oder einem anderen passenden Werkzeug die Verriegelung der Abzugseinheit (liegt dahinter) lösen und die Gruppe aus dem Schaft nehmen
- Entriegelung des Magazins (sichtbar bei auf den Rücken gelegter Waffe im oberen Bereich) lösen und den Speicher entnehmen
- System ausschäften

Die mit einem gefederten Deckel abgedeckte Bohrung in der Schaftkappe nimmt die Hülse mit Putzzeug auf.

Die grobe Prägung auf der linken Gehäuseseite gibt Auskunft über den Hersteller. Das SKS verriegelt mit einem soliden Kippblock, der Spannhebel ist sehr griffig gestaltet.

MRT
2 52

VEREINIGTE STAATEN VON AMERIKA

Garand M1 (US Rifle .30 M1)

Im Unterschied zu den frühen Selbstladern anderer Länder erwies sich der erste Halbautomat der US-Streitkräfte gleich als voller Erfolg. Das in den 20er Jahren von John C. Garand konstruierte und am 9. Januar 1936 neu als Standardgewehr (neben dem Repetierer *Springfield M1903*) eingeführte *U.S. Rifle, Cal. 30, M1* begleitete die amerikanischen Truppen durch den II. Weltkrieg bis nach Korea (1950-53). Es wurde von mehreren Herstellern in etwa sechs Millionen Exemplaren gefertigt, wobei das Staatsarsenal Springfield Armory (3.526.922 Stück) gefolgt von Winchester (etwa eine halbe Million) bis zum Ende des II. Weltkriegs die größte Rolle spielte. Weiter entstand das *M1* bei International Harvester sowie Harrington & Richardson. Neben der Standard-Version gelangte das *M1* auch als Zielfernrohr-Gewehr *(M1 C/M1 D)* zur Truppe. Die *National Match*-Ausführung sollte sportlich ambitionierten Militärschützen eine besonders präzise schießende Waffe an die Hand geben. Die Waffe blieb bei der Truppe, bis sie 1957 durch das *M14* (siehe Seite 101) abgelöst wurde. Heute zählt das *M1* zu den wichtigen Waffen für Sammler und Ordonnanzgewehr-Schützen, die von Springfield Armory nach wie vor mit nagelneuen *Standard-* und *National Match-Garands* bedient werden. Weiter fertigte Taiwan etwa eine Million Garands, Italien führte es als *Beretta BM 59* ein.

Entsprechend der hohen Leistung der Patrone .30-06 ist das *Garand* mit 4,3 Kilogramm eine recht schwere und klobige Waffe, die jedoch im Vergleich zu anderen vollgeschäfteten Modellen wie dem *SAFN 49* nicht aus dem Rahmen fällt. Trotz der unhandlich erscheinenden Maße erweist sich das *M1* als gut balanciertes Gewehr, das zudem eine höchst ansprechende Ver-

■ ***Unten die Standard-Ausführung des Garand*** **(U.S. Rifle, Cal. .30, M 1)*****,*** ***darüber liegt die Scharfschützen-Version M 1D mit M 84-Zielfernrohr.***

Steckbrief: Garand M 1

• Konstruktion:	John C. Garand, Springfield Armory/ USA
• Kaliber:	.30-06 Springfield
• System:	Gasdrucklader mit Drehriegelverschluß
• Magazinkapazität:	8
• Lauflänge (mm):	600
• Gesamtlänge (mm):	1110
• Visierlänge (mm):	705
• Gewicht (g):	4300
• Preis 1999 ca. (DM/Euro):	600,- (Standard) - 2500,- (M1 D mit ZF) / 300,- / 1275,-. Neue, getunte Waffen liegen teilweise darüber.

arbeitung von Holz und Metall zeigt – selbst an innenliegenden Teilen.

John Garands genial einfaches System stellte sich in der Praxis als so zuverlässig heraus, daß es sich in leicht geänderter Ausführung ebenfalls beim *M14*, dem *M1 Carbine* sowie den noch heute gefertigten Ruger-Karabinern *Mini 14* und *Mini 30* findet. Beim *M1 Garand* zapft eine Bohrung kurz hinter der Mündung den Lauf an. Die heißen Gase strömen durch das Piston und werfen den Gaskolben in seinem Zylinder nach hinten. Der Kolben bildet in der Verlängerung gleichzeitig die Gasstange, den Spannhebel und den Verschlußträger. Die Einheit läuft in einer Ausfräsung rechts im Gehäuse, wobei die vor dem Spannknopf liegende Steuerkurve die entsprechende Nocke des Verschlusses aufnimmt. Fährt der Gaskolben zurück, entriegelt die Steuerkurve die beiden Warzen des Verschlusses. Jetzt kann er frei zurücklaufen, worauf das Auswerfen der Hülse und das Nachladen auf die übliche Weise erfolgen.

Jedoch fliegt nach dem letzten Schuß auch der Ladestreifen aus der Waffe, ohne den sich das Garand nicht laden läßt. Im Gefecht signalisierte das damit verbundenen helle »Pling« dem Gegner unter Umständen, daß sein Gegenüber vor dem nächsten Schuß erst nachladen muß. Das Problem behoben die Amis beim Nachfolgemodell *M14* mit einem Einsteckmagazin.

Auf der Haben-Seite können *M1 Rifles* zunächst eine absolut brauchbare Lochvisierung aufweisen, die sich an der Kimme mit griffigen Rändelschrauben in Höhe und Seite verstellen läßt. Zudem korrespondiert die Diopterbohrung sauber mit den Kornschutzbacken, nur dürfte das Kimmenblatt für sportliche Zwecke etwas breiter ausfallen, damit das Auge weniger vom Geschehen links und rechts erfaßt. Eine besonders feine Verstellmöglichkeit bietet die sogenannte NRA-Kimme. Sie läßt sich in Schritten von 14,5 Millimeter auf 100 Yards (91 Meter) justieren.

Zu den Pluspunkten des *Garand* zählt weiter der trocken stehende Druckpunktabzug, der bei einer Belastung mit etwa 2500 Gramm auslöst. In diesem Zusammenhang dürfte jedoch der für das *Garand* und seine Nachfolger typische Sicherungsschieber vorn im Abzugsbügel etwas leichter laufen.

■ *Ein dickes Lederpolster als Wangenauflage erleichtert dem Schützen die korrekte Zielauffassung durch die seitlich montierte Optik des M 1D (oben). An beiden Waffen ist der Drücker des Verschlußfangs in der Mitte des Gehäuse zu sehen, der Sicherungshebel liegt vorn im Abzugsbügel.*

■ *Der Gassockel ist kurz hinter der Mündung angebracht. Eine Schraube mit großem Kreuzschlitz dichtet den Gaszylinder nach vorn ab.*

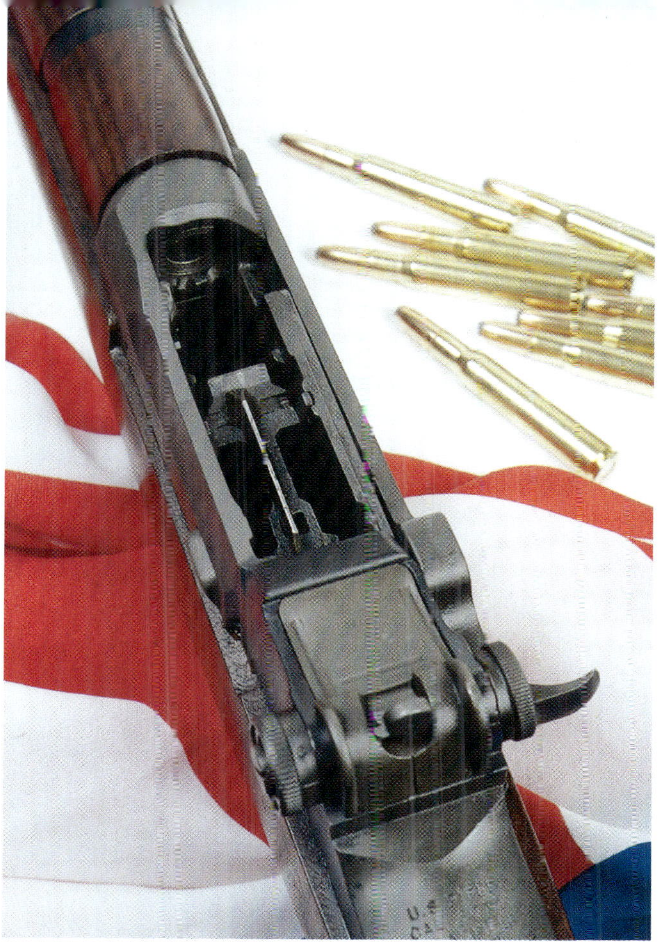

■ *Die griffigen Rändelschrauben links und rechts der Lochkimme dienen zur Höhen- und Seitenverstellung. Im Unterschied zum Nachfolger M 14 erhielt das Garand-Gewehr auf der linken Gehäuseseite keine Bohrung für eine Zielfernrohr-Befestigung.*

Nicht zuletzt schätzen sportlich ambitionierte *Garand*-Besitzer die gute Schußpräzision von überarbeiteten *M1 Rifles*. Mit Trefferbildern von teilweise unter fünf Zentimetern mischen sie wie das *M14* besonders in den USA mit Erfolg bei Wettkämpfen mit. Normale *Garands* bringen es hingegen nur auf sechs bis zwölf Zentimeter. Und selbst diese Leistungen setzen eine langsame Schußfolge voraus, da erhitzte *Garand*-Läufe die Streukreise weit auseinanderreißen. Übrigens bringen etwa 150 Grains wiegende Geschosse bessere Ergebnisse als schwerere Projektile. Sie hämmern gleichzeitig weniger in die Schulter, wobei das Gewehr allein schon aufgrund seines hohen Gewichts zu den leichter zu beherrschenden Selbstladern zählt – trotz der starken Patrone.

Unter dem Strich betrachtet ist das massive *Garand* die richtige Wahl für »Ganzstahlfreunde«, die eine geschicht ich interessante Waffe ihr eigen nennen wollen. Sie kann sich in getunter Ausführung auch auf dem Schießstand sehen lassen. Die moderaten Einstiegspreise ab etwa 600 Mark machen das Gewehr außerdem zu einem lohnenden Restaurationsobjekt für Einsteiger.

Stärken	**Schwächen**
• Sehr gute Verarbeitung	• Nur mit Clip zu laden
• Standard-Militärmodelle preisgünstig	• Etwas schwergängiger Sicherungsschieber

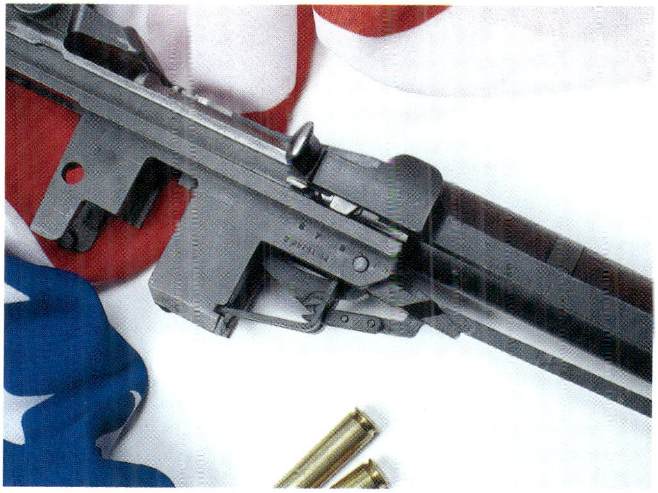

■ *Die Verschlußfeder setzt über die unten sichtbare Führungsstange und die rechts davon liegende Mechanik den Magazinzubringer unter Druck.*

■ *Durch den weit vorn angebohrten Lauf fällt die Gasstange beim Garand sehr lang aus, zumal sie gleichzeitig Gaskolben und Verschlußträger bildet.*

Zerlegen

- Magazin und Patronenlager leeren
- Abzugsbügel hinten kräftig anheben und Abzugsgruppe herausziehen
- System samt Handschutz aus dem Schaft nehmen
- Federführungsstange nach vorn drücken und im Bereich des Magazinschachts aushängen
- Stange samt Feder aus der Bohrung der Gasstange ziehen
- Spannhebel bis etwa zwei Zentimeter vor dem Ende der Bahn zurückziehen und nach rechts aushängen
- Die Einheit von Gaskolben, -stange, Verschlußträger und Kammergriff aus dem Gaszylinder ziehen
- Verschluß nach vorn oben herausnehmen
- Den Befestigungsbolzen vorn unten im Gehäuse herausdrücken, worauf sich die Mechanik des Magazinzubringers in drei Teile zerlegen läßt
- Abschlußschraube des Gaszylinders herausdrehen (bei fest sitzender Schraube am besten mit einem in den Schraubstock eingespannten, großen Längsschlitz-Schraubenzieher)
- Mündungsbrille vom Lauf abschrauben und den Gaszylinder samt Korn durch vorsichtiges Klopfen mit dem Kunststoffhammer vom Lauf treiben. Gleichzeitig löst sich der vordere Teil des Schafts
- Der Handschutz läßt sich nach dem etwas schwierigen Lösen der Haltespange abnehmen

■ *Typisch für die* **U.S. Rifle .30 M 1** *ist die Konstruktion von Verschluß und Träger, der zum Zerlegen der Waffe aufklappbare Abzugsbügel sowie der in seinem vorderen Bereich eingesetzte Sicherungshebel.*

Karabiner .30 M1 (US Carbine .30 M1)

Die Bezeichnung *.30 M1* führt immer wieder zu Verwechslungen, da sie zwei – bis auf das System – völlig verschiedene Waffen bezeichnet. Unter *U.S.* ***Rifle****, Cal. 30, M1* läuft die Konstruktion von John Garand (siehe Seite 92) und als *U.S.* ***Carbine****, Cal. 30, M1* wird der leichte Karabiner bezeichnet, der bei den US-Streitkräften gleichzeitig als leichtes Gewehr und Pistole sowie später noch als Maschinenpistolen-Ersatz dienen sollte. Allerdings war dieser Mischling ursprünglich nur als Verteidigungswaffe für Soldaten mit bestimmten Funktionen, wie etwa Fernmelder, Fahrer oder Kradmelder gedacht, die in erster Linie nicht als aktive Schützen an Gefechtshandlungen teilnahmen.

Die Anforderung einer entsprechenden Waffe kam 1937 vom Chef der Infanterie, Generalmajor George A. Lynch. Die neue, halbautomatische Waffe sollte präziser als die 45er Pistole

Steckbrief:	**Karabiner .30 M1**
• Entwicklung:	Winchester
• Kaliber:	.30 M 1
• System:	Gasdrucklader mit Drehriegel
• Magazinkapazität:	15/30
• Lauflänge (mm):	455
• Gesamtlänge (mm):	905
• Visierlänge (mm):	550
• Gewicht (g):	2430
• Preis 1999 ca. (DM/Euro):	500-1200,-/260-610,-

schießen und auch noch auf 300 Yards (270 Meter) sicher und wirksam treffen. Denn es gab, wie die Erfahrungen der Armee belegten, nur wenige Soldaten, die mit der Pistole auf Entfernungen über 25 Yards (rund 22 Meter) noch einen sauberen Schuß anbringen konnten.

■ ***Beim Zerlegen zum Reinigen fallen nur wenige Einzelteile an.***

Nachdem das nach Plänen von Jonathan Edmund Browning gebaute Modell *M2 (Model 30)* bei Truppenversuchen des Marinekorps durchgefallen war,holte sich Winchester Gewehr den Techniker und Ex-Häftling David M. Williams (wegen Schwarzbrennerei und Tötung eines Polizisten bei der Festnahme verurteilt) als Entwicklungsleiter an Bord, der durch die Konstruktion von 22er-Systemen für das Browning-Maschinengewehr sowie die Colt-Pistolen M 1911 und 1911 A 1 aufgefallen war. Das *M2* besaß noch das Kaliber .30-06, das zusammen mit dem *Garand M 1* bereits vom Heer angenommen war.

Williams baute die Waffe auf das von ihm erfundene *Short-Stroke*-Gassystem (siehe Seite 173) um, worauf sie an Versuchen der US-Navy teilnahm. Doch die Marine entschied sich für das (lMG) *Johnson M 1941*.

Inzwischen hatte Chefkonstrukteur Edwin Pugsley ein Sportgewehr auf der Basis der gerade neu entwickelten Patrone .30 Carbine fertiggestellt, das Winchester der *Army* vorlegte. Es ähnelte bereits stark dem späteren Erfolgsmodell und schlug sich vor der Versuchskommission sehr erfolgreich, worauf diese ein zweites, weiter verbessertes Modell anforderte.

Zusammen mit Pugsley, Fred Humeston und William Roemer entwickelte William ein gewissermaßen geschrumpftes *Garand*-System, das er wiederum mit dem *Short Stroke*-Gasantrieb verband. Nun war das Ziel erreicht und das Unternehmen setzte Williams vor die Tür. Allerdings holten sie ihn zurück, nachdem das zweite Versuchsmuster nicht schießen wollte – Williams behob die Probleme tatsächlich innerhalb von 24 Stunden. Schließlich linkte Winchester seinen kaufmännisch offenbar recht blauäugigen Notanker zum zweiten Mal, als die Firma sein Patent kaufte und zusammen mit den übrigen *Carbine*-Rechten mit fettem Gewinn an den Staat veräußerte. Somit erhielt »Carbine« Williams keinen Cent an Lizenzgebühren.

Das Gewehrchen wurde am 22. Oktober 1941 als *Carbine, Caliber .30, M1* standardisiert. Bis zum August 1945 entstanden mehr als sechs Millionen der angesichts der handlichen Länge von etwa 90 Zentimeter und einem Gewicht von knapp 2,5 Kilo

als »*War Baby*« bezeichneten Waffe, wobei zehn Unternehmen, darunter IBM und RockOla, sowie etwa 1600 Zulieferer an der Fertigung beteiligt waren. Das knappe Dutzend prägte jeweils seinen Stempel ins Verschlußgehäuse – ein El Dorado für Sammler. Darüber hinaus wurden rund 100.000 Stück der Fallschirmjäger-Ausführung *M1 A1* mit Klappschaft gefertigt; außerdem rund 200.000 Exemplare der wahlweise Dauerfeuer schießenden Ausführung *M2*. Das Modell *T 3 (M 3)* kam ohne Kimme, nahm dafür aber ein Infrarot-Nachtsichtgerät auf*.

Nach dem II. Weltkrieg diente der Karabiner in Korea sowie in weiteren Staaten der US-Einflußsphäre rund um den Globus bei Militär und Behörden, unter anderem auch bei der deutschen Polizei und bei der jungen Bundeswehr. Für letztere fertigte Erma in Dachau. Als militärische Dienstwaffe schickten die US-Streitkräfte den handlichen Karabiner – zusammen mit dem *Garand M1* – erst 1957 in Pension, als sie das neue Dienstgewehr *M 14* (siehe Seite 101) einführten.

Zu den Macken des *Carbine .30 M1* zählten die kurze effektive Reichweite sowie die geringe Stoppwirkung. Bei Kälte froren die Verschlüsse schnell fest, außerdem war die Legierung des Laufs zu weich, was vor allem bei aufgepflanztem Bajonett recht mäßige Schußleistungen nach sich zog. Aber man sollte bei aller Kritik nicht vergessen, daß die Waffe von Anfang an nur eine Behelfslösung darstellte.

Spaß am *Carbine* findet angesichts der Modellvielfalt vor allem der Sammler, der sich in der Bundesrepublik jedoch mit abgesägten Kornschutzbacken sowie zugestopften Durchbrü-

* Über die weiteren Varianten und Spezialausführungen gibt das Werk *U.S. Karabiner .30 M 1* von Wolfdieter Hufnagl (Motorbuch Verlag Stuttgart) gründlich Auskunft.

Zerlegen

- Magazin entnehmen, Patronenlager leeren
- Schaftschraube an System und Schaftring herausdrehen beziehungsweise lockern
- Schaftring nach Eindrücken der Verriegelnungsfeder abziehen
- Handschutz abnehmen und System aus dem Schaft heben
- Verschlußfeder samt Führungsstange nach hinten ziehen, aus dem Block Gasstange, Verschlußträger und Spanngriff aushängen und nach vorn herausziehen
- Gasstange mit dem Kammergriff zurückziehen, an der Zerlege-Ausfräsung seitlich vom Gehäuse abziehen, den Block vorn am entsprechenden Punkt
- Bolzen vorn im Gehäuse herausdrücken und Abzugsgruppe entnehmen
- Verschluß vorne nach oben herausziehen

Links:
■ ***Oben der Karabiner .30 M1 (U.S. Carbine, Cal. .30, M 1). Darunter liegt die Kleinkaliber-Version EM-1 der Dachauer Firma Erma. Gemäß KWKG wurden die Kolbenöffnungen für den Riemen bei beiden Waffen verschlossen. Die KK-Büchse durfte die Kornbacken jedoch behalten.***

Rechts:
■ ***Die Prägung hinten im Gehäuse weist die Firma Inland als Hersteller der abgebildeten Waffe aus. Zur Höhenverstellung läßt sich das Blatt der Lochkimme auf einer Rampe verschieben, die seitliche Korrektur erfolgt mittels Rändelschraube.***

chen im Hinterschaft herumärgern muß (Anscheins-Paragraph). Das Gewehrchen gehört noch zu den preisgünstigeren Angeboten auf dem Markt, was auch Sportschützen zu schätzen wissen. Mittlerweile gibt es eigene *M1 Carbine*-Wettbewerbe und Vereine. Zahlreiche Freunde fand auch der KK-Nachbau *EGM 1* von Erma.

Das Schießen mit dem M1-Karabiner macht allein schon deshalb Spaß, weil dieser sich durch sein niedriges Gewicht und seine kompakten Maße angenehm von anderen Ordonnanz-Selbstladern abhebt. Außerdem sieht der *Carbine* mit seinem wohlproportionierten, eleganten Schaft ohne Ecken und Kanten sehr gefällig aus. Dazu trägt außerdem die – trotz Kriegsfertigung – saubere Oberflächen-Bearbeitung bei.

Die Bedienelemente liegen sehr günstig: Der Sicherungsknopf befindet sich unmittelbar vor dem Abzugsbügel, wodurch ein Rechtsschütze das Gewehr bequem mit dem Zeigefinger der Schußhand entsichern kann. Rund anderthalb Zentimeter davor findet er den leichtgängigen Magazinhalter. Und der Spannhebel bietet mit seiner Höhe von etwa einem Zentimeter angenehm viel Angriffsfläche. Das Arretieren des Verschlusses in seiner hintersten Position erfolgt mittels eines kleinen und mit dem Daumen der »Spannhand« problemlos zu bedienenden Knopfes links neben dem Kammergriff.

Praktisch gestalteten die *Garand*-orientierten Entwickler außerdem die griffige Rändelschraube zur Seitenverstellung der Lochkimme. Die Höhe verstellt der Schütze grob mittels Verschieben des Kimmenblattes, bei älteren Modellen durch

Sicherung und Magazinhalter liegen griffgünstig vor dem Abzugsbügel, der breite Spannhebel läßt sich ebenfalls leicht greifen.

Der Gaskolben besitzt einen nur etwa acht Millimeter weiten Hub und stellt damit die kürzeste Ausführung unter den sogenannten Short-Stroke-Systemen dar.

Umklappen des L-Blattes. Das Einmitteln des Korns fällt aufgrund der entfernten Kornschutzbacken schwer.

Wie bereits angedeutet, dürfen vom kleinen *.30 M1* keine Wunderdinge in Sachen Präzision erwartet werden. Hierzu fehlen einfach die Voraussetzungen, wozu auch die Munition gehört, die eher als verstärkte Kurzwaffen-Patrone gedacht war.

Dabei gefällt die beim *Carbine* im Allgemeinen sehr brauchbare Abzugscharakteristik. Die Testwaffe löste nach einem reibenden Vorzug von etwas über einem Millimeter bei einer Belastung mit guten 2300 Gramm aus.

Trotz aller Ecken und Kanten können sich Fünfergruppen von 30 bis 60 Millimeter auf die 50 Meter-Distanz doch sehen lassen. Weder der vergleichbare *Marlin Camp Carbine* in .44 Magnum noch das *Ruger PC 9* in 9 mm Para können da mithalten. Dabei hält sich der Rückstoß des *Carbine* in sehr erträglichen Grenzen. Weniger jedoch der Preis von etwa 75 Pfennig / 38 Cent pro Patrone – hier ist eindeutig der Wiederlader gefordert. Und noch`n Vorteil: Das kurze Gewehr findet selbst in kleinen und vielleicht schon ziemlich vollen Gewehrschränken noch ein Plätzchen.

Stärken
- Viele Varianten
- Günstiger Preis
- Angehme Abzugscharakteristik
- Angenehmes Schußverhalten
- Ordentliche Präzision auf 50 m

Schwächen
- Zielen fällt durch fehlende Kornschutzbacken schwer
- Teure Fabrikmunition

M 14 (Springfield M1A/Norinco M305)

Steckbrief:	M 14
• Hersteller	USA
• Kaliber:	7,62 x 51 mm (.308 Win)
• System:	Gasdruckklader mit Drehriegel
• Magazinkapazität:	20
• Lauflänge (mm):	575
• Gesamtlänge (mm):	1130
• Gewicht (g):	4500
• Preis 1999 ca. (DM/Euro):	4000,-/2040,-

Viel Mut zu neuen Wegen gehörte nicht dazu, als die US-Armee 1957 das *M 14* einführte. Schließlich stammte es in direkter Linie vom zuverlässigen Garand ab und bildete im Grunde nur die in einigen Details verbesserte Variante. Dazu zählte in erster Linie das neue NATO-Kaliber 7,62 x 51 mm sowie das 20schüssige Einsteckmagazin und der Mündungsfeuerdämpfer. Außerdem verlegten die Konstrukteure die Gasbohrung etwa 20 Zentimeter weiter nach hinten, wodurch das Gassystem nicht mehr so sehr präzisionsmindernd am Lauf zerrt. Außerdem wirkt das Gewehr dadurch etwas schlanker.

Darüberhinaus schlagen stärkere Laborierungen den Gaskolben nicht mehr so heftig nach hinten und die Bewegung erfolgt insgesamt weniger ruckartig. Das erreichten die Konstrukteure durch die begrenzte Gasentnahme: Zunächst strömt das Gas durch die *M 14*-Laufbohrung in den Hohlraum einer vorn geschlossenen Hülse, die den Gaskolben bildet. Sobald sie sich in Richtung Verschlußgehäuse in Bewegung setzt, schließt sich die Öffnung. Jetzt kann kein Gas mehr nachströmen. Dadurch bleibt die Gasmenge – anders als beim Garand – auch bei unterschiedlich laborierter Munition konstant. Die Verschlußbetätigung entspricht schließlich der *Garand*-Mechanik.

Das M 14 läßt sich zum Reinigen in Sekundenschnelle in wenige Baugruppen zerlegen.

Offensichlich aus politischen Gründen setzte sich das *M 14* gegen das damals brandneue *FN FAL* durch, das sicherlich die weitaus modernere Lösung gewesen wäre. Jedenfalls war dem *M 14* eine nur kurze Dienstzeit bis 1965 beschieden. Für die Streitkräfte entstanden bei den Herstellern Springfield Armory (Staatsarsenal), Olin-Winchester, Harrington & Richardson sowie Thompson-Ramo-Woolridge trotzdem mehr als 1,4 Millionen Stück. Zudem ließen die Amerikaner ab 1968 insgesamt 1800 Scharfschützen-Ausführungen fertigen. Die ersten 65 Exemplare waren mit variablen Leatherwood-Zielfernrohren ausgerüstete Standard-*M 14*, die serienmäßig auf der linken Gehäuseseite über einen Befestigungspunkt für eine optische Zielhilfe verfügen. Darauf folgten erst 300 und in einem zweiten Schub noch einmal 1435 Stück, die auf den speziell für Wettkämpfe gefertigten, besonders genau schießenden *National-Match*-Modellen aufbauten. Sie erhielten zunächst die Bezeichnung *XM 21 (X = Experimental,* sprich noch nicht standardisierte Versuchswaffe). Nach der Standardisierung lautete sie ab Ende 1975 *M 21*. Außerhalb der Schützen- und Sammlerkreise dürfte das *M 14* vor allem durch Stanley Kubricks Kinofilm *Full Metal Jacket* bekannt geworden sein.

Jedenfalls gehört das *M 14* in die gleiche Waffengruppe wie die Modelle *SAFN 49, K 43* und natürlich *Garand.* Wie zu Vorkriegszeiten frästen die Amerikaner ihre neue Waffe aus dem Vollen – von modernen Blechprägeteilen am System keine Spur. Ohne Frage lehnt sich das Gewehr auch in diesem Punkt stark am *Garand* an. Allerdings gibt es das *M 14* auch mit braunem Kunststoff-Schaft und -Handschutz, wobei das vorliegende Modell nachträglich einen neuen Holzschaft erhielt.

Zwar wirkt die allgemein sehr gut verarbeitete Waffe durch ihren kürzeren Schaft etwas eleganter als das *Garand,* jedoch bleibt das *M 14* nach wie vor ein ziemlich voluminöses und mit 4,5 Kilo recht schweres Gerät. Die US-Soldaten in Vietnam freuten sich deshalb zunächst über das neue, viel leichtere *M 16* –

aufgrund zahlreicher Störungen und Kinderkrankheiten, die an diesem Modell auftraten, lernten sie auf die harte Tour und im nachhinein das robuste *M 14* jedoch wieder zu schätzen.

Abzugsmäßig herrscht an vielen *M 14* eitel Sonnenschein, sprich trockene Charakteristik und Widerstände um die 1500 Gramm. Allerdings verhält es sich damit wie mit dem gebrauchten S-Klasse Mercedes, dessen Tacho einen überraschend niedrigen Kilometerstand anzeigt: Es wird bei diesen Modellen einfach viel vom Vorbesitzer oder seinem Büchsenmacher daran gearbeitet. Militärausführungen im Originalzustand offenbaren meist ein rauheres Innenleben sowie einen Widerstand um die 2300 Gramm. Ein Vergleich zwischen mehreren Waffen spart also durchaus einige Mark fürs Abzugstuning – der Sammler wird es anders sehen. Schon ab Werk hält sich der Spannwiderstand des Verschlusses im angenehm moderaten Bereich.

Zum sportlichen Schießen eignet sich die Lochkimme sehr gut, zumal sie vorteilhaft mit den äußeren Rändern der Korn-

Zerlegen

- Magazin entnehmen, Patronenlager leeren
- Abzugsbügel hinten aus dem Abzugsblech heben. Da der Bügel mit seiner Nocke meist ziemlich fest sitzt, mit Nachdruck, aber ohne Schwung vorgehen. Sonst gibts eingeklemmte oder sonstwie verletzte Finger. Am besten mit einem Metallbolzen in die Bohrung hinten am Bügel greifen und ihn damit anheben. Bei abgeschlagener Waffe spannt er jetzt das Schlagstück
- System hinten anheben und samt Handschutz nach vorn abziehen
- Mit einem etwa 3,5 mm starken Stift den Arretierungsstift links vorn im Verschlußgehäuse eindrücken, worauf sich die Federführungsstange hochheben und herausziehen läßt. Aber Vorsicht: Das ganze steht unter Federspannung
- Verschlußträger zurückziehen, bis die Nase ganz hinten am Griff über der Lücke im Systemgehäuse liegt
- Träger nach rechts heraussheben und die gesamte Stange herausziehen
- Den frei im Gehäuse liegenden Verschluß durch das Auswurffenster herausnehmen
- Schraube vor dem Befestigungssockel des Gassystems zum Reinigen des Gaszylinders von Hand oder per Sechskantschlüssel herausdrehen

Großes Bild:
Das M 14 löste 1957 offiziell das Modell Garand bei den US-Streitkräften ab. Außer im Kaliber (7,62 mm x 51) und in der Formgebung unterscheidet es sich durch den Mündungsfeuerdämpfer, das zurückgesetzte Gassystem und das Einsteckmagazin von der Weltkrieg-II-Waffe. Der Handschutz besteht aus Kunststoff.

Kleines Bild:
Die beiden eingefrästen Rampen leiten wechselweise die Patronen zum innen hartverchromten Lauf. Kommt die Munition von der linken Seite des doppelreihigen Magazins, rutscht sie über die linke Mulde ins Patronenlager, von rechts entsprechend über die andere Aussparung.

Stärken	Schwächen
• Gute Visierung mit Klickverstellung • Griffige Bedienelemente	• Hohe Wärmeempfindlichkeit

schutzbacken korrespondiert. Die Visierlänge von 68 Zentimetern ist ebenfalls reichlich bemessen, was Zielfehler weiter verringert. Außerdem läßt sich die Kimme mittels zwei Drehknöpfen bequem verstellen, wobei der linke für die Höhenverstellung und der rechte für die Seitenverstellung zuständig ist. Auf 100 Meter Entfernung bedeutet jede Raste der Klickverstellung eine um 29 Millimeter veränderte Treffpunktlage. Dies bedeutet auf 100 Yards (91 Meter) etwa eine Winkelminute, sprich ein Zoll (Inch) oder 25,4 Millimeter. Übrigens bildet der Kornsockel zugleich den Mündungsfeuerdämpfer, der in der Bundesrepublik auf behördliche Anordnung hin mit einer Hülse verdeckt sein muß. Die Einheit läßt sich nach Lösen der mittels Madenschraube gesicherten Rändelmutter im Kornsockel abziehen. Angenehm zu bedienen ist ebenfalls der breite Drücker des Magazinhalters, der Sicherungsdrücker im Abzugsbügel sowie der Verschlußfang auf der linken Gehäuseseite. Allerdings sitzen die Magazine häufig etwas stramm im Schacht, dann muß die zweite Hand nachhelfen.

Trotz aller Vorzüge ist das zudem gut ausbalancierte *M 14* bei Sportschützen recht umstritten: Wie beim *Garand* fördern

Durch die Spitze der Führungsstange läßt sich die Feder leichter auffädeln. In der Mitte des Gassockels ist ein Ventil eingesetzt, das durch eine Drehung den Gasstrom abschneidet und so das M 14 in einen Repetierer verwandelt.

die klapprigen Gasgestänge sowie die ziemlich dünnen und damit wärmeempfindlichen Standardläufe alles andere als die Schußpräzision. Und die häufig sehr großen Verschlußabstände können Wiederlader zur Weißglut treiben. Mit selbstgeladener Präzisionsmunition schießt das *M 14* mit kaltem Lauf und »wenn der Mond günstig steht«, wie ein erfahrener *M 14*-Schütze

Auf der linken Gehäuseseite sitzt die serienmäßige Bohrung zur Aufnahme einer Zielfernrohrmontage. Die beiden Geschoßspitzen zeigen auf die Bohrung, worin der Sicherungsstift der Federführungsstange liegt.

meinte, Fünf-Schuß-Streukreise von drei bis vier Zentimetern, mit normaler Bundeswehrmunition sind bei handwarmem Rohr noch sechs Zentimeter zu schaffen. Sobald der Lauf heiß wird, landen beliebig viele Schüsse in einem 20-Zentimeter-Kreis. Außerdem können Verwirbelungen unter dem abgedeckten Mündungsfeuerdämpfer die Geschoßbahn ungünstig beeinflußen. Als Lösung bietet sich das Aufreiben des Dämpfer-Innendurchmessers von neun auf 15 Millimeter (etwa 72 mm tief) durch den Büchsenmacher an.

Deshalb bieten Firmen wie Springfield Armory (nicht zu verwechseln mit dem gleichnamigen, nach dem II. Weltkrieg geschlossenen Staatsarsenal) unter anderem verschiedenste Matchläufe mit größerem Durchmesser und stabilere Übertragungsstangen an. Weiter verbessern Systembettungen die Trefferbilder. Übrigens zeigt sich die Wärmeempfindlichkeit ebenso beim von Springfield Armory gefertigten und 1974 erstmals vorgestellten Modell *M 1 A Standard* und dem chinesischem Nachbau *M 305 von Norinco,* bedingt wiederum durch die dünnen Läufe. Mit

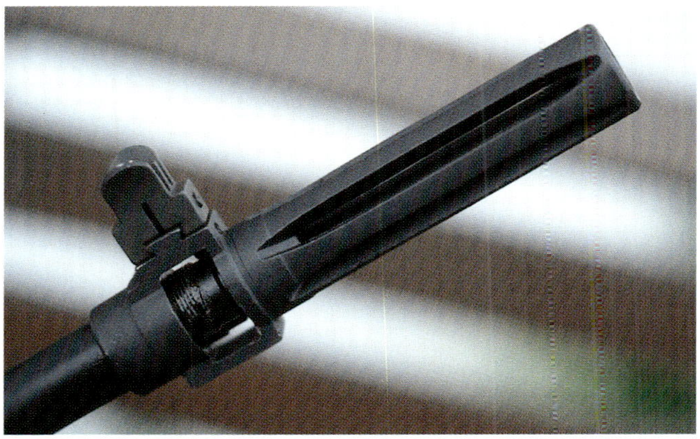

■ Der Mündungsfeuerdämpfer ohne Abdeckung. Es fehlt die Befestigungsmutter unter dem Kornsockel, welche die Einheit von Zielhilfe und Dämpfer auf dem Lauf hält.

mehr oder weniger großem Aufwand und durch langsame Schußfolgen läßt sich aus dem *M 14* und seinen Nachbauten aber doch einiges herauskitzeln. Das erklärt auch die ungebremste Begeisterung der Amerikaner für das Gewehr, wie die großen Teilnehmerzahlen bei den berühmten 1000 Yard-Wettbewerben (914 m) in Camp Perry zeigen – und die Schußpräzision muß bei solchen Distanzen wirklich sehr ordentlich sein.

Dieser ganze Rummel betrifft kaum die deutschen Schützen. Schließlich fallen die erst verbotenen, dann schlicht auf WBK erhältlichen Gewehre heute wieder unter den 37er, egal ob *M 14* (Neupreis etwa 1200 Mark), *M 305* (1000 Mark), *M 1 A* (Standard-Version 2150 Mark), oder *M 1 A Sportmaster* (2300 Mark) ohne Mündungsfeuerdämpfer. Und die wenigen rechtzeitig erworbenen US-Gewehre wechseln nur mit dem Segen des BKA den Besitzer, und das – mangels Angebot bei recht hoher Nachfrage – häufig zu weit überzogenen Preisen von über 4000 Mark; die *Norincos* gibt es um ein Drittel bis die Hälfte billiger.

■ Im Kolben steckt das Putzzeug. Die große Klappe liegt beim Schießen auf der Schulter des Schützen, der sein Gewehr damit leichter halten kann (die Waffe liegt hier auf dem Rücken).

■ Auf der Oberseite des hohlen Gaskolbens ist die Gasbohrung zu sehen. Setzt sich der Kolben in Richtung System in Bewegung, werden die überschüssigen Gase über die Längsrinne und die Ringnuten geleitet. Sie treten schließlich über die – unten im Gassockel sichtbare – Entlastungsbohrung aus.

Ruger Mini-14 / Mini-30

Tatsächlich gibt es Gewehre, deren Charme sich kaum jemand entziehen kann – trotz der einen oder anderen offensichtlichen Schwäche. Dazu zählt ohne Frage das ab 1971 entwickelte und bereits zwei Jahre später vorgestellte Ruger *Mini-14*, einer der beliebtesten Halbautomaten überhaupt. Die nur 95 Zentimeter kurze, kompakte Waffe erreichte in den USA fast schon Kult-Status, was mit an den deutlichen technischen Anleihen beim in Nordamerika so verehrten *M 14* liegt. Und sicherlich ist die Bezeichnung *Mini-14* aus verkaufsstrategischen Gründen ein nicht allzu dezenter Hinweis auf die Verwandtschaft.

Jedenfalls wurde das in brünierter und rostträger *Stainless*-Ausführung gefertigte Gewehr zu einem Verkaufsrenner, was die kaum noch zu überblickende Vielzahl an Zubehör in den USA beweist. Und das reicht beim *Mini-14* von 20, 30 und 40schüssigen Magazinen und Mündungsfeuerdämpfern über Klappschäfte bis hin zu Matchläufen. Außerdem liefert das US-Unternehmen Ruger das Gewehr unter der Bezeichnung *Mini-30* seit Anfang der 80er Jahre auch im Kalaschnikow-Kaliber 7,62 x 39 mm. Diese Ausführung sollte vor allem die Polizeien jener Länder überzeugen, die bislang Kalaschnikows einsetzen und deshalb meist eine Menge Munition auf Halde liegen haben.

Gerade bei der Polizei fand das kleinkalibrige *Mini-14* einige Gegenliebe, darunter die Ende 1976 präsentierte vollautomatische Version *AC 556* (**A**utomatic **C**arbine Kaliber **5,56** mm). In der Variante »F« (Kürzel für *Folding-Stock*) ist sie mit Klappschaft ausgerüstet und damit unter anderem im Kinofilm *Auf der Jagd nach dem grünen Diamanten* zusammen mit Michael Douglas zu bewundern. »Im wirklichen Leben« kauften unter anderem Argentinien, Ecuador, Indonesien und Venezuela das kleine *Ruger,* Frankreich ließ es in St. Etienne bei Humbert in Lizenz als *Mousqueton AMD* bauen. Die Polizei Nordirlands ersetzte damit den *US Carbine .30 M 1,* da das britische *SA 80* oder ein anderes Sturmgewehr zu martialisch gewirkt hätte – und in einem Pulverfaß möchte man schließlich nicht provozieren. Militäraufträge großen Stils blieben trotz des hochaktuellen Kalibers aus.

Wie der für eine recht einfache Waffe ziemlich hohe Preis von knapp 1200 Mark (Stainless 1300 Mark) hält das jedoch selbst die europäische Zivilkundschaft nicht vom Kauf der Waffe ab, wobei Sportschützen den größten Kundenkreis bilden. Dabei lie-

■ ***Oben das Ruger Mini 30 mit rostträgem System in der Ranch-Rifle-Ausführung, davor das Mini-14 mit (para-) militärischer Ausstattung.***

■ ***Die Ruger Minis lassen sich ohne Werkzeug zerlegen und bestehen gemäß der Firmenphilosophie aus wenigen, stabilen Teilen. Bei den Ranch-Rifles (rechts außen) gehören Zielfernrohrringe zum Lieferumfang.***

fert der Fachhandel hauptsächlich die als *Ranch Rifle* bezeichnete Ausführung aus, die 1982 auf den Markt kam. Statt der starren Lochkimme der Grundausführung kommt sie mit einem Klappkorn sowie Aufnahmen für die samt einzölligen Ringen mitgelieferte Klemm-Montage.

Aber selbst beim Schießen mit Optik zeigt sich mancher Schütze angesichts der recht mäßigen Schußpräzision ziemlich enttäuscht. Denn ein serienmäßiges *Mini-14* liefert auf 100 Meter normalerweise keinen Fünf Schuß-Streukreis unter zehn Zentimeter. Allerdings konnte ich einmal ein *Stainless*-Serienexemplar schießen, das mit einigen Laborierungen zwischen 35 und 45 Millimeter schoß – eine sehr ordentliche Leistung. Aber das ist wirklich nicht die Regel. Wirklich gute Trefferbilder zwischen 25 und 30 Millimeter bringen eher die mit einem Matchlauf versehenen, überarbeiteten Exemplare (siehe Tuning-Kapitel, Seite 163). Und beim *Mini-30* sind Streukreise unter 80 Millimetern selbst mit handgeladener Munition kaum drin. Eine Ursache dafür stellt die rasche Lauferwärmung dar, die durch den nach deutschen Vorschriften geschlossenen Handschutz noch unterstützt wird. Die normale Ausführung besitzt immerhin acht Lüftungsöffnungen.

Wie oben erwähnt, baute das Unternehmen Sturm, Ruger & Co. sein Gewehr auf dem System des *M 14* auf – wobei das Gassystem des *Mini* mit seinem direkt (ohne Übertragungsteile) von den heißen Gasen angeblasenen Verschlußträger noch einfacher ist. Jedoch entwarf Ruger das Gewehr passend zum Kaliber in verkleinerter Ausführung und aus kostensparenden, aber dennoch stabilen Feingußteilen. Dabei erhält der Schütze nach dem – ohne Werkzeug möglichen – Zerlegen nur wenige Einzelstücke. Die Verarbeitung ist im großen und ganzen gut, wobei die Metallteile verschiedene Guß- und feinere Schleifspuren zeigen und auch der Schaft nicht allzu sorgfältig an die Metallteile angepaßt ist. Sicherlich würde es auch anders gehen, allerdings wollten die Ruger-Konstrukteure von Anfang an eine preisgünstige, robuste Gebrauchswaffe schaffen, bei der übermäßige Feinarbeit als übertriebener und teurer Luxus gilt, Zuverlässigkeit hingegen großgeschrieben wird. Der Verfasser konnte jedenfalls noch keine Ladehemmung bei einem *Mini-14* beobachten. An der reibungslosen Funktion dürfte sich angesichts der recht großen Abstände unter den Verschlußteilen selbst bei übel verschmutzter Waffe nichts ändern – für das *Mini-30* gilt das gleiche.

Steckbrief:	**Mini-14/Mini-30**
• Hersteller:	Sturm, Ruger & Co., USA
• Kaliber:	.223 Rem/7,62 x 39 mm
• System:	Gasdrucklader mit Drehriegel
• Magazinkapazität:	5
• Lauflänge (mm):	470
• Gesamtlänge (mm):	950
• Gewicht (g):	2900
• Preis 1999 ca. (DM/Euro):	1200,-/610,-1300,-/660,- (stainless)

■ **Die Ranch-Rifle *(oben)* besitzt eine in Höhe und Seite verstellbare Klapp-Lochkimme, davor liegen die Sockel für die Zielfernrohr-Montage. Dagegen besitzt die unten abgebildete Standard-Version eine stabilere Diopter-Visierung. Leider neigt die Lackierung des Alu-Gehäuses zum Abplatzen.**

■ ***Statt mit dem großen Rampenkorn der normalen Minis (oben) kommt die Militärausführung mit einer kleinen, von Schutzbacken eskortierten Zielhilfe. Ab Werk trägt sie unten eine Bajonettwarze, die hier gemäß deutschen Bestimmungen fehlt. Ebenso mußte der Importeur den Mündungsfeuerdämpfer abschrauben.***

Keinerlei Probleme bereitet das *Mini* ebenfalls beim leichtgängigen, wenn auch etwas rauhen Spannen. Außerdem liegt der *Garand*-mäßige Sicherungsschieber leicht erreichbar vorn im Abzugsbügel und der angenehm gerundete Magazinhalter griffig direkt hinter dem Magazinschacht. Zur Abzugscharakteristik: Bei der Testwaffe (*Mini-14)* kroch das Züngel leicht reibend über etwa anderthalb Millimeter und löste bei 2400 Gramm aus. Das *Mini-30* kratzte dagegen stärker, ebenso beim Durchladen. Allerdings kam die 7,62 x 39er-Variante im Unterschied zum *Mini-14* direkt aus dem Laden. Die noch recht rauhen Metalloberflächen hätten sich mit der Zeit sicher noch etwas eingeschliffen. Jedenfalls fiel der Schuß erst bei einem Abzugswiderstand von 3000 Gramm. Das Schußverhalten beider Gewehre konnte man aufgrund der »sanften Kaliber« mit Fug und Recht als angenehm bezeichnen.

Alles in allem ist das Ruger *Mini* schon alleine durch seine praktische, gedrungene Form eine Waffe zum Verlieben. Wen die »Grobheiten« in Sachen Verarbeitung stören, aber trotzdem das System nutzen möchte, kann sich die Waffe von einem guten Büchsenmacher zum Vorzeigestück umbauen lassen (siehe Tuning-Kapitel, Seite 163).

Auch der Sammler findet mehr und mehr Interesse am *Mini,* beispielsweise an den von Behörden als Zielfernrohrgewehre eingesetzen Modellen oder oder an der (in Deutschland) seltenen halbautomatischen Militärversion mit zurückversetztem Korn, (abgetrennter) Bajonettwarze und (abgeschraubtem) Mündungsfeuerdämpfer.

Stärken
- Robuste, handliche Konstruktion
- Leichte Bedienbarkeit
- Einfach und ohne Werkzeug zerlegbar
- ZF-Montage mit Ringen serienmäßig *(Ranch Rifle)*

Schwächen
- Mäßige Schußleistung

■ ***Die heißen Gase treiben die Gasstange direkt über das an der Gasabnahme sichtbare Röhrchen an. Ein Kolben fehlt völlig.***

Remington M 81 »Woodsmaster« (Model 8, FN 1900)

Steckbrief:	M 81 »Woodsmaster«
• Kaliber:	.30/.32/.35 Rem, .300 Savage
• System:	Rückstoßlader mit Drehriegel
• Magazinkapazität:	5
• Lauflänge (mm):	560
• Gesamtlänge (mm):	1040
• Gewicht (g):	4000
• Preis 1999 ca. (DM/Euro):	1900,-/970,-

Wie in anderen Bereichen der Technik ist das Abkupfern bei fremden Konstruktionen auch im Waffenbau an der Tagesordnung. Als Vorlage tauchen dabei häufig Entwürfe des genialen amerikanischen Erfinders John Moses Browning (1855-1926) auf, von dessen Zeichenbrett Waffen wie die Selbstladepistolen *Colt Government M 1911* oder *FN High Power* stammen. Browning arbeitete sowohl für Firmen in den USA als auch für den belgischen Rüstungskonzern FN in Herstal bei Lüttich. Dabei passierte es gelegentlich, daß Rechte an einer Waffe an zwei verschiedene Firmen dies- und jenseits des Atlantiks gingen.

Dies trifft auch für eine großkalibrige jagdliche Selbstladebüche Brownings zu, die allgemein wenig bekannt ist: Die *Remington Model 8* alias *FN 1900,* wobei unter der letzteren Bezeichnung auch eine sehr erfolgreiche Taschenpistole auf den Markt kam. Die Gewehre basieren auf dem Rückstoß-System von Brownings Flinte *Auto 5*. FN präsentierte sie erstmals 1902, das Produktionsende kam erst Ende der 90er Jahre nach über 3,5 Millionen Stück. An diesen Erfolg konnten die halbautomatischen Büchsen nicht ganz anknüpfen, trotzdem können sich die Zahlen zumindest bei Remington sehen lassen.

So entstanden von der 1906 erstmals angebotenen *Remington Model 8* (Kaliber .25/.30/32./.35 Remington) bis 1936 etwa 60.000 Exemplare, das ab diesem Jahr bis 1950 gefertigte *Model 81 »Woodsmaster«* (.30/.32/.35 Rem, .300 Savage) brachte es auf 55.581 Stück. Es besaß statt der offenen Kimme des Vorgängers ein Diopter mit Spindel zur Höhenverstellung. Von der nur in .35 Remington erhältlichen *FN 1900* wurden zwischen 1910 und 1931 lediglich 4913 Stück gefertigt, was wohl auch an der eher konservativen Einstellung der europäischen Jäger in Sachen Selbstladebüchsen lag.

Eine dieser Büchsen nannte der Thronfolger des Hauses Habsburg, Erzherzog Franz Ferdinand, sein eigen, der sie mit Gold- und Silbereinlagen schmücken ließ. Allerdings trug er damit nicht zum guten Ruf der Jägerschaft und der Selbstlader bei – er galt als »Schießer«, der gewaltige Strecken legte. Er und seine Frau wurden am 28. Juni 1914 in Sarajewo durch einen serbischen Separatisten ermordet – allerdings mit einer anderen Waffe. Die Tat löste bekanntermaßen vier Wochen später den I. Weltkrieg aus.

Das vorgestellte *Model 81* verfügt wie sein Vorgänger und das FN-Modell über einen zweiteiligen Holzschaft. Der Lauf liegt in einem Mantel von 26 mm Durchmesser. Er wirkt gegenüber

Das Remington Modell 81 wurde schon unter der Bezeichnung FN 1900 vertrieben. Es gilt als erste großkalibrige Jagd-Selbstladebüchse und war in einigen Punkten seiner Zeit weit voraus.

■ ***Zum Transport läßt sich das Take-Down-Gewehr in zwei Teile zerlegen: Der Schütze braucht nur die Schraube unter dem Lauf mittels des abklappbaren Hebels herauszudrehen. Der Verschluß verriegelt mit zwei Warzen.***

■ ***Offensichtlich kupferte Michail Kalaschnikow bei der Kombination aus Sicherungsflügel und Staubschutzdeckel des Remington 81 (FN 1900) ab. Das Diopter läßt sich zum Zielen in die Senkrechte schwenken.***

der übrigen Waffe etwas überdimensioniert. Wie bei der *Auto 5* gleitet der Lauf, vom Rückstoß angetrieben, mit Verschluß und Träger bis zu deren hinterster Position zurück. Dort wird der Verschlußträger gefangen und das Rohr gleitet allein wieder nach vorn, wobei die leere Hülse ausgezogen und ausgeworfen wird. Sobald eine Nocke unten am Ende des Laufs eine Welle nach unten drückt, entriegelt der Verschluß, schnellt nach vorn, schiebt die nächste Patrone ins Lager und verriegelt mit zwei Warzen hinter dem Patronenlager.

■ ***Der Lauf des Rückstoßladers sitzt in einem Mantel und fährt beim Repetieren mit dem Verschluß zurück.***

Ein »Aha«-Erlebnis gibt es beim Betrachten der rechten Gehäuseseite; denn der Sicherungsflügel erinnert an den der Kalaschnikows und erfüllt genau die gleichen Aufgaben: In seiner unteren Position ist die Waffe entsichert und der Kammergriff kann frei in seiner Bahn gleiten. Nach oben gedrückt, sichert der Flügel das Schlagstück, sperrt den Spannhebel und verdeckt als Staubschutz den Schlitz im Systemkasten. Nicht zuletzt sitzt der Abzugsbügel entsprechend dem AK direkt hinter dem fünfschüssigen Magazin, das allerdings fest eingebaut ist. Entweder schaute Kalaschnikow hier kräftig ab und kombinierte die praktische, kompakte Konstruktion mit einem Gassystem, oder es kam zu einer zufälligen zweiten Erfindung der gleichen Sache, was immer wieder passiert.

Aber wie es auch gewesen sein mag – die drei FN- und Remington-Selbstlader machen sich nicht nur gut in einer Sammlung moderner Jagdgewehre. Sie sind auch höchst interessante Exponate für eine Ordonnanzwaffen-Kollektion, welche die technischen Ahnen belegen. Da die drei Brownings unverdienter Weise etwas im Abseits stehen, kann sie der Käufer zu einem recht günstigen Preis erstehen. Gut erhaltene *Remingtons* in Standardausführung wechseln für etwa 1800 Mark den Besitzer. Die selteneren *FNs* kosten rund 2800 bis 3000 Mark. Teurer kommen Stücke mit gehobener Ausstattung.

■ ***Funktion und der Gehäuseform stimmen beim Remington 81 und der berühmten Flinte FN Auto 5 (unten) weitgehend überein.***

Winchester M 100

Die Ära der großkalibrigen Selbstladegewehre begann bei der US-Firma Winchester schon 1905, als die ersten nach dem Modelljahr benannten Waffen das Werk in New Haven im Bundesstaat Connecticut verließen. Auf das *M 1905* folgten die Ausführungen *M 1907* und *M 1910,* wobei alle drei auf dem von Thomas Crossley Johnson, einem Konstrukteur des Unternehmens, entworfenen, kleinkalibrigen Randfeuer-Rückstoßlader *M 1903* beruhten. Er modifizierte sein System schließlich für Zentralfeuerpatronen. Wie die bekannten Winchester-Unterhebelrepetierer besaßen sie ein freiliegendes Verschlußgehäuse sowie einen geteilten Schaft. Das *M 1907* wurde sogar im I. Weltkrieg an Kampfflieger ausgegeben, die damit die Piloten gegnerischer Maschinen bekämpfen sollten. 1936 verließ das letzte Modell das Werk.

Während des II. Weltkriegs fertigte Winchester neben Springfield Armory die *US Rifle .30 M1* und zählte ebenfalls zu den Herstellern des *US Carbine .30 M1.* Nach dem Krieg baute das Unternehmen im militärischen Bereich das *M 14* und von Ende 1960 bis 1973 das zivile *Modell 100,* eine typische Jagdbüchse. Die Standard-Lauflänge betrug 556 Millimeter (22 Zoll), ab 1963 gab es wahlweise eine Karabiner-Version mit 19 Zoll-

Steckbrief:	**M 100**
• Hersteller:	Winchester, USA
• Kaliber:	.243 Win, .284 Win, .308 Win
• System:	Gasdrucklader mit Drehriegel
• Magazinkapazität:	4
• Lauflänge (mm):	556
• Gesamtlänge (mm):	1100
• Gewicht (g):	3500
• Preis 1999 ca. (DM/Euro):	1600,-/820,-

■ ***Beim nicht ganz einfachen Zerlegen ergeben sich vergleichsweise viele Einzelteile.***

Zerlegen

- Magazin entnehmen, Patronenlager leeren
- Waffe spannen und sichern
- Schrauben am vorderen Riemenbügel sowie hinter dem Abzugsbügel herausdrehen
- Spanngriff ganz zurückziehen, halten und das System aus dem Schaft nehmen. Verschluß wieder vorgleiten lassen
- Spanngriff etwa zwei Zentimeter zurückziehen, bis in den links und rechts in der doppelseitigen Gasstange ausgearbeiteten Aussparungen ein etwa zwei Millimeter dünner Splint zu sehen ist
- Splint mit einem kleinen Inbusschlüssel oder ähnlichem herausdrücken
- Abzugsgehäuse leicht nach unten heraus- und dann nach hinten abziehen
- Zweiteilige Verschlußfeder und Führungsstange entnehmen
- Sichelförmigen Splint vorn an der Abschlußschraube des Gassystems entfernen und Schraube herausdrehen
- Gaszylinder zurückziehen und die komplette Einheit von Zylinder, Kolben, Gasstange und Verschluß einschließlich Träger herausnehmen
- Verschlußträger-»Achse« herausdrücken, worauf sich Gasstange und Träger voneinander lösen. Außerdem läßt sich der Schlagbolzen herausnehmen
- Den kleinen Stift im Träger herausdrücken und den Verschluß entnehmen
- Nach dem Entfernen des dicken Bolzens trennen sich Verschlußkopf und Steuerstück

Lauf (48 Zentimeter). Bis 1964, dem Jahr der großen Rationalisierung bei Winchester, gab es die Waffe neben dem Standard-Kaliber .308 Win auch in .243 Win und .284 Win.

Nicht von ungefähr erinnert die elegante, flache Form des Verschlußgehäuses an das *Modell 77,* einen KK-Selbstlader. Das vorgestellte *M 100* im Kaliber .308 Winchester besitzt einen matt lackierten Nußbaumschaft mit eingeprägter Fischhaut sowie ein Einsteckmagazin für vier Patronen. Das Systemgehäuse selbst trägt eine rötliche Brünierung, während die übrigen Metallteile in üblichem schwarz gehalten sind. Als Zielhilfe dient eine in der Höhe einstellbare Klappkimme (Lyman) mit U-Ausschnitt sowie ein Tunnel-Rundkorn, das sich wie die hintere Zielhilfe seitlich mittels Korntreiber im Schwalbenschwanz verschieben läßt. Ein weißes Dreieck hinten und ein silberfarbener Punkt vorn ermöglichen mit dieser Visierung das schnelle Erfassen des Ziels.

Auf der Systemhülse sind ab Werk bereits die Bohrungen für eine Zielfernrohrmontage vorhanden, jedoch versah einer der Vorbesitzer das vorgestellte *M 100* mit einer Suhler Einhakmontage mit einem Sockel am konischen Lauf – eine etwas kostspielige und aufgrund der Befestigung des vorderen Sockels am Lauf nach dem Warmschießen des Rohrs präzisionsmindernde Lösung. Unglücklich ist in diesem Zusammenhang auch das Anschrauben des Vorderschafts am Lauf.

Mit der Bearbeitung der Metallteile nahm Winchester es

nicht allzu genau. Überall an Lauf, Systemgehäuse und Abzugseinheit blieben feine Schleifspuren stehen. Noch deutlicher zeigt sich der Sparkurs innen im Gehäuse. Als Gassystem setzte Winchester auf ein *Long Stroke*-System (siehe Seite 173), wobei der Gaskolben fest mit der doppelten Gasstange in Verbindung steht. Die hält unter dem Systemgehäuse über eine Achse den Verschlußträger, in dem wiederum der mit drei Warzen ausgesattete Drehriegel-Verschluß steckt. Auffällig im Stoßboden: Statt einem gleich zwei federnd gelagerte Ausstoßerstifte.

Während des Schießens zeigte es sich, daß Winchester das *M 100* für das Zielen über die offene Visierung auslegte. Der gerade Schaftrücken bewirkt, daß bis auf Zielfernrohrhöhe ein paar Zentimeter fehlen. Etwas unangenehm fiel außerdem der für kleine Hände etwas zu dicke Pistolengriff auf. Der Direktabzug löste nach kurzem Kriechen bei einem Widerstand von noch akzeptablen 2800 Gramm aus.

Mit Rücksicht auf die Befestigung des Vorderschafts am Lauf sowie des vorderen Montagesockels erfolgte das Schießen der Fünfer-Gruppen in einem langsamen Rhythmus, damit sich das Rohr nicht übermäßig erwärmte, was zwangsläufig zu Spannungen führt. Schließlich erzielte die Winchester mit Geschoßgewichten von 147, 168 und 180 Grains durchweg gute Streukreise zwischen 38 und 49 Millimeter. Nur Militärmunition öffnete das Bild auf 65 Millimeter.

Schon alleine aufgrund dieser nicht nur jagdlich voll akzeptablen Ergebnisse ist es eigentlich schade, daß Winchester sein *Modell 100* nicht mehr fertigt. Zudem muß es in punkto Eleganz keine Konkurrenz fürchten. Auf den Gebrauchtmärkten im deutschsprachigen Raum taucht nur selten eines der insgesamt 260.000 produzierten Exemplare auf. Diese fanden ihre Kundschaft größtenteils in den USA, wo sich angesichts der Größe des Landes und der stattlichen Zahl seiner Schützen und Jäger auch diese beachtliche Zahl relativiert.

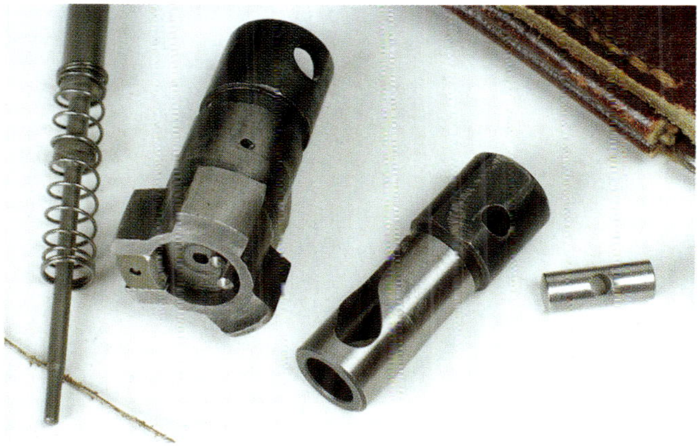

Am mit drei Warzen versehenen Verschlußkopf fällt der doppelte Ausstoßer (gegenüber der Auszieherkralle) auf.

Stärken	**Schwächen**
• Sehr elegante Waffe	• Deutliche Arbeitsspuren an den Metallteilen
• Montagebohrungen ab Werk	• Etwas zu dicker Pistolengriff
• Gute Schußleistung	

Das Winchester 100 präsentiert sich als ausgesprochen elegantes Jagdgewehr. Unnötig aufwendig erscheint an dieser Waffe die Suhler Einhakmontage.

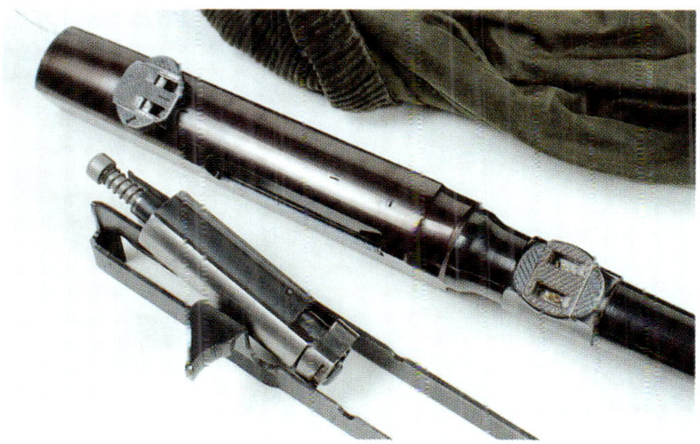

Genau in dieser Stellung muß die Einheit von Verschluß und Träger vor dem Einbau in der Führungsschiene hängen. Die Auszieherkralle liegt auf der rechten Seite. Die Verschlußhülse erhielt Bohrungen für Zielfernrohr-Montagen.

Olympic Arms AR-15

Über lange Jahre konnten deutsche Sportschützen höchstens in Katalogen oder Fachzeitschriften die zivilen Match-Versionen des Colt -Sturmgewehrs *M 16* bewundern. Da war von Standard-Schußbildern von unter 20 Millimeter die Rede, und selbst als Sportwaffe ohne mechanische Visierung sahen die Dinger noch verdammt schick aus. Eigentlich wäre das eine herrliche Alternative zu den eher bieder wirkenden Modellen wie *HK SL 6* oder Ruger *Mini-14* gewesen. Aber dem stand das Schreckgespenst des Anscheins-Paragraphen vor.

Deshalb kam es einer kleinen Sensation gleich, als das Wormser Unternehmen Transarms im Sommer 1997 die Genehmigung zum Verkauf des auf deutsche Verhältnisse abgeänderten *M 16*-Ablegers von Olympic Arms erhielt – zumal das halbautomatische System nicht in einem alles verbergenden, klotzigen Holzschaft lag. Vielmehr blieb die als *»Free Float Tube«* bezeichnete Alu-Vorderschaftröhre des *AR-15* erhalten und der Lochschaft aus faserverstärktem Kunststoff erhielt eine schöne Formgebung. Und beides kam in einem hübschen Holzdesign. Einzig die rotbraun lackierten Plastik-Seitenplatten links und rechts am Gehäuse wirkten schlicht lächerlich. Aber der Amtschimmel wollte eben kein freiliegendes Aluminium. Außerdem liegt das fünfschüssige Magazin ohne entsprechenden Halter schlicht hinter einer Klappe am Schacht, was das Einsetzen von überall auf Truppenübungsplätzen oder Militaria-Läden erhältlichen 20-Schuß-Stangen verhindern soll. Allerdings hat dadurch der in die Schweiz oder ein anderes Land zu Wettkämpfen mit hohen Schußzahlen reisende Schießsportler das Nachsehen.

Trotz aller von oben verordneter Umbauten ist das *Olympic Arms* momentan (1999) sicherlich mit der schönste 223er Selbstlader auf dem deutschen Markt. Sein Urahn, das US-amerikanische Sturmgewehr *M 16,* entstand von 1955 bis 1962 am Reißbrett von Eugene Stoner, einem Luftfahrt-Ingenieur aus Kalifornien. Er arbeitete für das Unternehmen ArmaLite, einem Mitglied der Fairchild-Firmengruppe. Seine Konstruktion erschien damals äußerst futuristisch, setzte sie sich durch ihre schlanke Form die gerade Linienführung und die elegante Kombination von Lochkimme und Tragegiff doch deutlich vom Vorgänger *M 14* ab. Selbst das damals brandneue *FN-FAL* sah dagegen etwas altbacken aus, wobei die Verschlußfeder beider Modelle im Hinterschaft liegt. Und das niedrige Gewicht von knapp 3,2 Kilo war schlicht konkurrenzlos.

Das ab 1962 zunächst als *AR-15* bei den US-Truppen eingeführte, hauptsächlich von Colt gefertigte Gewehr bildete schließ-

lich das westliche Gegenstück zum sowjetischen *AK 47,* ohne jedoch dessen Zuverlässigkeit zu erreichen. Denn im Unterschied zur Kalaschnikow verursachten Materialbruch, Rost, Schmutz und Verschmauchung im Truppeneinsatz in Vietnam Störungen zuhauf. Immer wieder führte dieses technische Versagen zum Tod von amerikanischen Soldaten. Wer konnte, griff wieder zum Vorgängermodell *M 14,* zur *Pump-Action*-Flinte oder zu einem Beute-*AK*.

Nach unzähligen Änderungen mauserte sich das *M 16* zwischenzeitlich jedoch zu einer Waffe, die keinen internationalen Vergleich zu scheuen braucht. Militär und Polizeibehörden in über 20 Ländern orderten das Gewehr in den verschiedensten Varianten in millionenfacher Stückzahl – von der Standard-Ausführung bis hin zum kompakten Maschinenkarabiner. Und die Fertigung läuft weiter. Zudem entdeckten Sportschützen längst die halbautomatischen Ausführungen; Firmen wie Eagle Arms oder eben Olympic Arms bieten jede Menge Tuningzubehör wie dicke Matchläufe, Gehäuse mit Zielfernrohrschiene statt Tragegriff *(»Flat top«)* oder Feinabzüge an.

So besitzt auch das »deutsche« *AR-15* einen ab der Gasabnahme von 25 auf 18,5 Millimeter abgesetzten Stufenlauf, der durch die Vorderschaft-Röhre im Schuß gleichmäßig schwingen kann. Sie hält mit ihrem Feingewinde am Verschlußgehäuse. Ganz nebenbei führen die 370 Gramm der *Free Float Tube* zusammen mit dem schweren Lauf zu einer deutlichen Vorderlastigkeit, die das Hochschlagen der Mündung mindert. Die Weaver-Schiene auf dem Verschlußgehäuse erlaubt das Anschrauben einer ganzen Reihe von ein- oder zweiteiligen Montagen.

Dabei sollte der Schütze eher zu Ausführungen mit niedrig über dem Gehäuse liegenden Ringen greifen, soweit es der Durchmesser des Zielfernrohr-Objektivs zuläßt. Denn durch den eng über den Schaftrücken laufenden Spannhebel erlaubt das *AR-15* keine zusätzliche Schaftbacke, welche den Wangenknochen auf das Niveau eines hoch angebrachten ZFs hebt.

Steckbrief: AR-15

• Hersteller:	Olympic Arms, USA
• Kaliber:	.223 Remington
• System:	Gasdrucklader mit Drehriegel
• Magazinkapazität:	5
• Lauflänge (mm):	520
• Gesamtlänge (mm):	970
• Gewicht (g):	4200
• Preis 1999 ca. (DM/Euro):	2650,-/1350,-

■ *Die Klappe über dem Auswurffenster schnappt beim Durchladen der Waffe nach außen. Im Schuß strömen die heißen Gase durch das über dem Lauf sichtbare Gasrohr in das nach vorn gerichtete Röhrchen auf dem Verschlußträger.*

■ *Für viele Schützen ist das Olympic Arms AR-15 der schönste Match-Selbstlader – trotz der häßlichen Abdeckplatten des Systemgehäuses.*

■ ***Abgesehen von den Seitenplatten kann der Schütze das AR-15 blitzschnell ohne Werkzeug in seine wenigen Einzelteile zerlegen.***

Im Anschlag liegt der auf 115 Grad abgewinkelte Griff optimal in der Hand, wobei sich größere Hände einen etwas größeren Umfang wünschen könnten. Das *Checkering* (Fischhaut) am Vorderschaft erweist sich als äußerst griffig, allerdings finden Schützen mit kurzen Armen – zumindest im freihändigen Liegendanschlag – einen bequemeren Halt vorn am Magazinschacht. Das Einstecken des Magazins ist, durch die Klappe bedingt, etwas umständlicher als bei einem Magazin, das einrastet. Zudem kann es bei nicht richtig geschlossenem Deckel während des Schießens herausfallen. Auch an die Stellung des Spannhebels beim Durchladen muß sich der *AR-15*-Besitzer erst gewöhnen – und bei dieser Tätigkeit vor allem den Kopf zu Seite nehmen. Dicke Finger haben Schwierigkeiten mit dem Sicherungshebel, bedingt durch die dicke KWKG-Platte.

Stärken

- Sehr gute Schußleistung
- Hohe Verarbeitungsqualität
- Einfach zu Zerlegen
- Niedrige ZF-Montage möglich
- Ansprechendes Design
- Gutes Preis/Leistungsverhältnis

Schwächen

- Vorderer Riemenbügel muß vor dem Reinigen des Gassystems abgenommen werden
- keine Möglichkeit für höhere Schaftbacke
- Unpraktische Magazinklappe

Beim Abziehen kroch das Züngel leicht reibend über drei Millimeter und löste dann bei 1950 Gramm aus, was durchaus in Ordnung geht. Nur das Kriechen müßte beseitigt werden. Der Rückstoß kommt sanft; aufgrund der niedrigen Laufachse (»Inline-Konstruktion«) springt die Mündung nur wenig aus der Ziellinie, vielmehr schiebt die Waffe nach hinten. Dabei ist deutlich das Zusammenpressen und Entspannen der im Kolben untergebrachten Verschlußfeder zu hören.

Die Fünfergruppen auf die 100 Meter-Distanz rückten selbst bei Verwendung billiger Munition nicht weiter als 35 Millimeter auseinander. Sorten wie die Samson mit ihren 55 Grains schwerem Hohlspitzgeschossen mit Bootsheck (*Hollow Point Boat Tail – HPBT)* oder die PMC 52 grs HPBT erreichten, von der *Benchrest*-Auflage geschossen, auch Gruppen um die 20 Millimeter.

Das Zerlegen zum Reinigen ist durch den leicht herauszudrückenden, hinteren Bolzen denkbar einfach (ohne die häßliche, sinnlose KWKG-Gehäuseplatte ginge es noch besser). Jetzt klappt das Verschlußgehäuse samt Lauf nach oben auf, wobei der vordere Bolzen als Scharnierachse dient. Wer ihn herauszieht, hält Ober- und Unterteil getrennt in der Hand, wodurch sich das Gewehr beim Transport sogar mit einem kleinen Koffer begnügt. Die beiden Stifte sind gegen Verlust gesichert. Ein Zug am Spannhebel, und Verschlußträger samt -kopf gleiten aus dem Gehäuse.

Am Verschlußkopf fällt auf, daß von den ursprünglich sieben Warzen nur sechs übrigblieben. Das Abfräsen der Nocke ermöglicht erst das Verriegeln, da ein Stahlstift in der entsprechenden Aussparung vor dem Patronenlager das Einsetzen eines anderen Verschlusses verhindert (Gruß aus Wiesbaden). Nachdem sowieso nicht alle Warzen anliegen, soll der Umbau laut Importeur Transarms jedoch keinerlei Auswirkungen auf die Schußpräzision haben.

Unter dem Strich schießt das *Olympic Arms* zwar nicht besser als seine direkten Konkurrenten *SIG 550* und *SL 8* (siehe Seite 136 und Seite 33), es sieht – wenigstens nach dem Geschmack etlicher Schützen – deutlich besser aus. Zudem läßt es sich durch die Steckbolzen spielend leicht ohne Inbusschlüssel oder andere Werkzeuge zerlegen. Und vom Preis-/Leistungsverhältnis her gesehen, gibt es an der Waffe ebenfalls nichts auszusetzen.

Jedenfalls ist das *AR-15* eine sehr gute Matchwaffe, der jedoch die Möglichkeit zur Aufnahme eines größeren Magazin fehlt. Transarms hat den Import der Waffe aufgrund aufgetretener qualitativer Probleme bei Olympic Arms mittlerweile eingestellt; die Gebrauchtwaffenpreise dürften bald sprunghaft ansteigen.

■ ***Die hier geöffnete Klappe hält das fünfschüssige Magazin im Schacht. Oberhalb des Abzugsbügels ist der ovale Drücker des Verschlußfangs zu sehen.***

■ ***Gemäß den KWKG-Bestimmungen fräste Transarms beim AR-15-Verschluß eine der sieben Warzen ab. Der T-förmige Kammergriff besteht aus Aluminium und wiegt nur etwa 30 Gramm.***

Links:
■ ***Die als sogenannte Freefloat-Tube bezeichnete Vorderschaft-Röhre berührt nirgends den Lauf und ermöglicht damit ein weitgehend freies Schwingen.***

Remington 7400

Konzentrierten sich die Konstruktionen von Selbstladegewehren in Büchsenkalibern von Anfang der 20er Jahre bis Ende des II. Weltkriegs auf den militärischen Einsatz, so sorgte Remington im Jahr 1955 für zivilen Nachschub. Das neue *M 740* sollte von Anfang an den Jäger ansprechen und sah schon wie der drei Jahre zuvor präsentierte Vorderschaftrepetierer *M 760* aus, was nicht von ungefähr kam. Denn viele Bauteile der Mechanik ließen sich zwischen *M 760* und *M 740* austauschen, da sich beide Waffen vom Funktionsprinzip her nicht unterscheiden. Der wesentliche Unterschied lag im Antrieb des Drehriegel-Verschlusses. Die beiden preisgünstigen Gewehre stehen nach einigen kleineren Modifikationen im Laufe der Jahre bis heute als *Modelle 7600* und *7400* im Remington-Programm, was schon alleine den Erfolg des Konzepts belegt.

Zum Test trat eine Ausführung im immer häufiger geführten Universal-Kaliber .30-06 Springfield an. Trotz des günstigen Preises verfügt das *7400* über eine schöne Oberflächenbearbeitung des glanzbrünierten Stahl-Systemgehäuses sowie sehr guten Passungen zwischen Metall und Holz. Selbst der typisch amerikanische Klarlack-Überzug der Holzteile zeigte sich einwandfrei getaucht. Nur am Abzugsbügel und -träger aus Aluminium konnte schwarzer Lack die leicht gußrauhe Oberfläche nicht ganz verbergen. Etwas billig wirkte das Kunststoffplättchen rechts am Verschluß, welches das Innenleben des Gehäuses in verriegeltem Zustand vor Schmutz schützen soll. Dasselbe gilt für den teilweise überstehenden Rand der Ansenkung an der Mündung des mattbrünierten Laufs. Zudem zieht sich die Schaftlackierung bis über die Kunststoff-Abschlußkappe, wobei die Schicht bei einer härteren Berührung mit dem Boden abplatzt. Mehr Freude kommt an Details wie der am Vorderschaft besonders scharf geschnittenen Fischhaut und der nicht einmal kitschig wirkenden CNC-Gravur auf beiden Seiten des Verschlußgehäuses auf. Leider fehlen dem Gewehr die Bügel für einen Gewehrriemen oder zumindest die Sockel dafür. Zudem läßt die *7400* einen separaten Verschlußfang vermissen, wodurch die Kammer nach dem letzten Schuß nur hinten an der oberen Kante des Magazin-Zubringers hängenbleibt und so das Herausnehmen des Einsteckmagazins unnötig erschwert. Als im wahrsten Sinne des Wortes billige Lösung verfügt der Patronenbehälter auf der linken Seite über einen Schieber, der auf Druck nach vorn das hintere Ende des Zubringers nach unten zieht. Leider gibt das recht scharfkantige Teil erst nach recht derbem Schieben seinen Widerstand auf – es sei denn, die zweite Hand zieht den Ladehebel wenige Millimeter zurück und ein Finger bedient gleichzeitig den ein wenig scharfkantigen Magazinhalter rechts vor dem Abzugsbügel.

Bei der Sicherung setzte Remington auf einen Knopf hinten im Abzugsbügel, der das Züngel beim Hineindrücken nach rechts wirkungsvoll blockiert. Erfolgt das Entsichern im Revier mit etwas Gefühl, ist an beiden Waffen höchstens ein leises, dumpfes und damit akzeptables Klicken zu hören.

Die Gehäuseform sowie der Vorderschaft mit Abschlußschraube des Remington 7400 erinnern stark an verschiedene amerikanische Selbstladeflinten.

Im Anschlag füllte der Vorderschaft kleine und große Hände gut aus, andererseits fiel das Handinnere am Pistolengriff mangels eines leichten Wulsts etwas durch. Generell erwies sich das Gewehr eindeutig als Zielfernrohrwaffe. Denn während das weiße Rundkorn nach dem schnellen Anlegen des Monte-Carlo-Rückens an die Wangen unterschiedlich gebauter Schützen stets weit über die U-Kimme hinausstand, paßte der Schaft optimal für das Zielen durch eine Optik. Damit muß die eigentlich über zwei Längsschlitzschrauben leicht verstellbare Kimme als überflüssig gelten. Wie es sich im Grunde für jede Büchse gehört, verfügt die *7400* werksseitig über die nötigen Gewindebohrungen für die Montage im Gehäuse.

Der nicht besonders begeisternde Hebel des Verschlußfangs erwies sich ganz nebenbei als brauchbarer Ladeanzeiger. Bei zwei geladenen Patronen steht der Knopf etwa in der Mitte seiner Bahn, mit einem verbleibenden Schuß im hinteren Viertel und bei leerem Behälter hinten am Anschlag. Drückt der vielleicht nicht zum Schuß gekommene Waidmann den Schieber des entnommenen Magazins nach vorn, gibt der sich senkende Zubringer die Munition zum Entladen frei.

Der eigentlich als Direktabzug gedachte Auslöser kam ab Werk mit einem rund einen Millimeter langen Vorzug, worauf ein etwa doppelt so langer Kriechweg folgte. Schließlich löste das Züngel bei einer Belastung mit 2600 Gramm aus. Der Grund für den hohen Widerstand liegt hauptsächlich in den strengen US-amerikanischen Produkthaftungs-Bestimmungen, die schwergängige Abzüge als Sicherheitsmerkmal vorschreiben.

Insgesamt zeigte sich bei den Versuchen, daß eine .30-06 – selbst aus einem Halbautomaten verschossen – nach wie vor zur kräftiger ausschlagenden Patronenklasse gerechnet werden muß. Beim Auswerten der Trefferbilder stellten die Tester einmal mehr die Munitionsfühligkeit der Selbstlader fest. So steuerte die Winchester Silvertip (11,7 g/180 grs) mit 27 Millimetern das beste Trefferbild bei, während die PMP ProAmm mit dem gleichen Geschoßgewicht und 78 Millimetern die weit entfernte Obergrenze markierte. Demnach lohnt sich auch bei der Remington das Experimentieren mit verschiedenen Laborierungen.

Das vor dem Reinigen nötige Abnehmen des Vorderschafts gestaltete sich durch die festsitzende Schraube vorn am Abschluß als besonders schwierig. So verbog sich ein eigentlich passendes Markstück im ersten Anlauf. Erst eine zwecks Hebelwirkung von einer Rohrzange gehaltene, gut gehärtete Unterlegscheibe löste die förmlich »angeknallte« Verbindung. Dann folgte der Schaft jedoch willig dem Zug nach vorn. An das Innenleben des Systemgehäuses kommt der Putzlappen am einfachsten nach dem Herausklopfen von zwei Bolzen im hinteren Bereich des Kastens heran, worauf sich die komplette Abzugseinheit herausnehmen läßt.

Abgesehen von dem unglücklich konstruierten Verschlußfang und der hoffentlich nicht bei allen *7400*ern so fest sitzenden Schraube am Vorderschaft, bildet das Gewehr einen zuverlässigen Begleiter fürs Revier. Allerdings könnte der Büchsenmacher die Abzugscharakteristik etwas verbessern und bei dieser Gelegenheit gleich den Widerstand senken. Das dürfte beim günstigen Preis der *7400* durchaus noch im Budget liegen. Außerdem läßt er bestimmt so manchen Kratzer in der Waffe verschmerzen, der bei einem teuren Gewehr vielleicht schon Bauchschmerzen verursacht.

Stärken
- Günstiger Preis
- Gute Schußpräzision
- Ordentliche Verarbeitung

Schwächen
- Festsitzender Schaftabschluß
- Wenig gelungener Abzug
- Keine Riemenbügel

Steckbrief: 7400

• Hersteller:	Remington USA
• Kaliber:	.243 Win, .270 Win, .308 Win, .280 Rem, .30-06 Sprg.
• System:	Gasdrucklader mit Drehriegelverschluß
• Magazinkapazität:	4
• Lauflänge (mm):	550 / Karabiner: 470
• Gesamtlänge (mm):	1085 / Karabiner: 1005
• Visierlänge (mm):	411
• Gewicht:	3500
• Preis 1999 ca. (DM/Euro):	1450,-/740,-

■ *Zum Reinigen läßt sich die komplette Abzugsgruppe des Gewehrs entnehmen. Das Gassystem ist nach Abziehen des Vorderschafts gut zugänglich. Eine Walzgravur auf dem Gehäuse schmückt die Waffe.*

Ruger PC 9 (PC 40)

Legte Marlin seinen »Camp Carbine« (zu deutsch etwa: Feldlager-Karabiner) schon äußerlich als Jagdwaffe aus, so läßt alleine das mattschwarze Finish des Ruger *PC 9* auf eine Behördenwaffe schließen. Tatsächlich entwarfen die Amerikaner das Ende 1997 auf dem deutschen Markt erschienene Gewehr im Pistolenkaliber 9 mm Para als Begleiter für die Mitarbeiter von Polizei und Sicherheitsdiensten. Es soll im Vergleich zu einer Faustfeuerwaffe genauere Schüsse ermöglichen und die Lücke füllen, die irgendwo zwischen 9 Para-Maschinenpistolen und 223er-Sturmgewehren liegt. Ruger fertigt den Rückstoßlader außerdem im Kaliber .40 S & W (Smith & Wesson), das sich in den USA bereits einen beachtlichen Marktanteil erobern konnte. Übrigens brachte Ruger schon 1961 einen Selbstlader im Revolverkaliber .44 Magnum auf den Markt: Der *.44 Autoloading Carbine* war allerdings ein Gasdrucklader mit Drehriegel-Verschluß und für die Jagd auf kurze Entfernungen ausgelegt.

Mit seinem Preis von knapp 1200 Mark kostet das aktuelle *PC 9* so viel wie ein brüniertes Ruger *Mini-14* oder *Mini-30*. Für sein Geld erhält der Käufer eines *PC 9* ein Ruger-üblich gut verarbeitetes, stabiles Gewehr. Sein Schaft besteht aus grauschwarzem, faserverstärktem Kunststoff, in den das Werk den vorstehenden Magazinschacht integrierte. Aus kostensparenden, aber soliden Feingußteilen fertigte Ruger entsprechend seinen übrigen Waffen das Verschlußgehäuse sowie weitere, größere Metallteile. Wie KK-Selbstlader besitzen die großkalibrigen Karabiner keine Verriegelung, sondern schließen das Patronenlager lediglich mit Federdruck und der mit über 700 Gramm sehr schweren Einheit aus Verschluß, Verschlußträger und Federführung. Als Magazin wählte Ruger gemäß dem Vorbild von Marlin sinnvollerweise ein doppelreihiges Pistolenmagazin, das 15 Schuß aufnimmt. Und wer eine Ruger-Pistole aus der »P«-Serie (wie die P 89) besitzt, kann die Patronenspeicher beliebig untereinander austauschen. Zum Schießen mit Zielfernrohr nehmen entsprechende Aussparungen oben in der Verschlußhülse die Ruger-Montage auf, die etwa 120 Mark kostet.

Als Zielhilfe dient ein von Schutzbacken flankiertes Balkenkorn sowie eine Kimme mit Rechteck-Ausschnitt. Leider fiel die Visierlinie mit 335 Millimeter sehr kurz aus, was zusammen mit den großen Lichtspalten präzise Schüsse erschwert. Jedoch dürfte die Visierung auch eher für einen rasch »geworfenen« Schuß gedacht sein, da sich eine gröbere Ausführung schneller als Zielbild erfassen läßt. Alternativ bietet Firmenchef William B. Ruger zumindest in seinem Heimatland die »GR«-Variante an,

die über eine am hinteren Ende des Verschlußgehäuses angebrachte Lochkimme verfügt. Sie verlängert die Visierlinie auf 55 Zentimeter.

Im Anschlag erwies sich der Schaft durch seine »Fischhaut« als sehr griffig, weiter stabilisierte die rutschsichere Schaftkappe aus Gummi den Halt. Rechtshänder können jetzt den hinter dem Abzug angebrachten Sicherungsknopf bequem in die feuerbereite Position drücken, während zum Sichern sowie zum Bedienen des manuellen Verschlußfangs die andere Hand gefordert ist. Dagegen erreichen Links- und Rechtshänder gleich gut den Magazinknopf.

Wie bereits angedeutet, geriet das Zielen mit der groben Visierung recht mühsam. Das spiegelte sich auch in den mäßigen Schußgruppen wieder, die auf der 50 Meter-Bahn zwischen 60 und 85 Millimeter lagen. Grundsätzlich empfiehlt sich deshalb für auf Präzision bedachte Schützen ein Zielfernrohr, das die Trefferbilder bestimmt deutlich schrumpfen läßt. Andererseits bereitet das umfangreiche Experimentieren mit verschiedenen Laborierungen doch einige Freude, da der sanfte Rückstoß selbst auf einer nur vom Leibchen (*T-Shirt*) bedeckte Schulter keinen blauen Fleck hinterläßt – auch nicht bei Serien mit über 100 Schuß. Trotzdem schlug die Mündung stets ein beachtliches Stück aus der Ziellinie, was der deutlich über der Schulterhöhe liegende Lauf verursacht. Dadurch setzt sich der Rückstoß nicht

Steckbrief: PC 9

• Hersteller:	Ruger, USA
• Kaliber:	9 mm Para
• System:	Rückstoßlader mit Feder-/Masseverschluß
• Magazinkapazität:	15
• Lauflänge (mm):	410
• Gesamtlänge (mm):	870
• Gewicht (g):	3150
• Preis 1999 ca. (DM/Euro)	1200,-/610,-

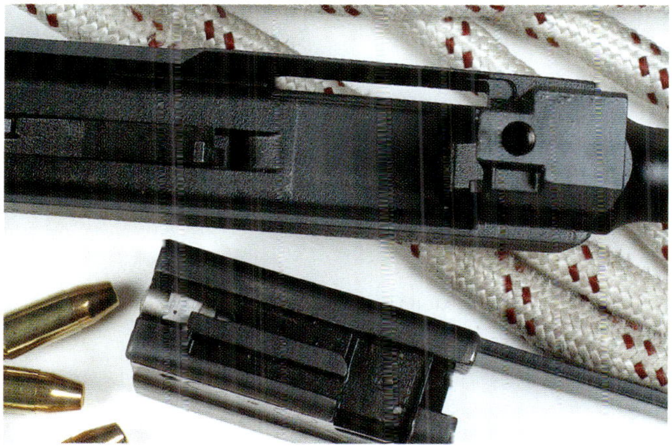

■ ***In der Oberseite des Verschlußgehäuses ist die Wippe mit der Nase der Schlagbolzensicherung eingesetzt. Sie greift in die Aussparung des silberfarbenen Zündstifts (unten).***

direkt in die Schulter fort, sondern dreht sich über das Körperteil als Achse nach oben weg.

Das Zerlegen des *PC 9* gelingt problemlos, sofern wenigstens eine aufgebogene Büroklammer oder ähnliches zum Festlegen der Verschlußfeder zur Verfügung steht. Und durch die guten Abbildungen können selbst Schützen ohne Englischkenntnisse etwas mit der Bedienungsanleitung anfangen. Alle Teile des Gewehrs sind für den Putzlappen gut zugänglich.

Für die Einsatzmöglichkeiten gilt das gleiche wie für die Marlin-Modelle. So stehen kaum sportliche Disziplinen zur Verfügung, und die Schußleistung sowie die Reichweite erreichen

■ ***Eine kompakte, robuste Büchse im Faustfeuerwaffen-Kaliber 9 mm Para: Das Ruger PC 9***

Die unter dem Gehäuse liegende Einheit aus Verschluß, Träger und Federführung wiegt 700 Gramm.

nicht das Niveau einer Waffe, die Gewehrmunition verschießt. Somit werden in diesen Punkten verwöhnte Schützen beim Betrachten der Scheiben kaum in Jubel ausbrechen. Sollten sich jedoch einige Schützen mit vergleichbaren Waffen zusammenfinden, bereitet der sportliche Wettstreit trotzdem viel Spaß. Schließlich kostet die Munition weniger als die meisten Gewehrpatronen, was selbst patronenfressenderes *Action*-Schießen auf Kegel oder Klappscheiben bezahlbar macht.

Stärken

- Ordentliche, robuste Verarbeitung
- Geringer Rückstoß
- Billige Munition

Schwächen

- Begrenzte Reichweite
- Schußpräzision unter Waffen mit normaler Gewehrmunition
- Wenige sportliche Disziplinen

Der Drücker des Magazinhalters hat eine ungewöhnliche Form. Darüber ist der Verschlußfanghebel zu sehen, hinten im Abzugsbügel der Sicherungsdrücker in Stellung »feuerbereit«.

Marlin M 9/M 45 »Camp Carbine«

Steckbrief:	M 9	M 45
• Hersteller:	Marlin, USA	
• Kaliber:	9 mm Para	.45 ACP
• System:	Rückstoßlader mit Feder-/Masseverschluß	
• Magazinkapazität:	10	7
• Lauflänge (mm):	420	420
• Gesamtlänge (mm):	900	900
• Gewicht (g):	2950	2900
• Preis 1999 ca. (DM/Euro):	950,-/480,-	

Noch zu Zeiten des Wilden Westens war es gang und gäbe, Revolver und Gewehr im gleichen Kaliber zu führen. Schließlich vereinfachte das die Versorgung mit Munition. Wer sich heute ebenfalls eine entsprechende Zusammenstellung wünscht oder eine Langwaffe zum Verschießen preiswerter Kurzwaffen-Munition sucht, findet im Bereich der Selbstlader nur ein geringes Angebot. Zum einen verhindert einmal mehr der Anscheins-Paragraph eine größere Modellvielfalt, zum anderen ist der Kundenkreis begrenzt. Schließlich eignen sich solche Gewehre nur für wenige sportliche Disziplinen, und Jäger verwenden für die Jagd auf Kleinwild lieber präzisere Waffen. Bliebe noch der Fangschuß – und hier gibt es in der Tat Situationen, bei denen eine kompakte, robuste Selbstladebüchse jeder Faustfeuerwaffe überlegen ist; beispielsweise, wenn der Jäger sich angeschweißtem (angeschossenem) Wild nicht bis auf Faustfeuerwaffen-Distanz nähern kann (und die normale Büchse für die Nachsuche einfach zu schwer und unhandlich ist). In den Vereinigten Staaten erlaubt der Gesetzgeber Jägern hingegen, selbst mit Kurzwaffen auf Pirsch oder Ansitz zu gehen. Außerdem steht dort jede Menge freies Gelände zum Spaßschießen auf Blechbüchsen oder ähnliches zur Verfügung.

Für diesen Kundenkreis entwarf Marlin die bis auf das Kaliber baugleichen Modelle *M 9* und *M 45*, welche die weltweit wohl am meisten verbreiteten Kurzwaffen-Patronen 9 mm Para-

■ *Nach dem Heraustreiben von zwei Stahlstiften läßt sich die Baugruppe von Abzug und Magazinschacht herausnehmen, dann der Verschlußblock.*

Stärken
- Ordentliche Verarbeitung
- Geringer Rückstoß
- Preisgünstige Munition

Schwächen
- Begrenzte Reichweite
- Schußpräzision unter der von Waffen mit normaler Gewehrmunition
- Wenige sportliche Disziplinen in Deutschland

Wie ein Fels ragt die Zuführrampe aus dem Abzugsgehäuse. Rechts davon ist der Ausstoßer zu sehen, der bei montierter Waffe starr in der Kammerbahn liegt.

bellum (9 x 19 mm) und .45 ACP *(Automatic Colt Pistol)* verschießen. Beide besitzen keine Verriegelung, sondern arbeiten wie vergleichbare Kleinkaliber-Gewehre mit unverriegeltem Feder-/Masseverschluß. Dabei sorgen die Verschlußfeder sowie der schwere Verschlußblock für den nötigen Öffnungs-Widerstand, wobei schon der Verschlußblock der 9 mm-Ausführung ordentliche 380 Gramm wiegt. Marlin hielt das Aussehen seiner Waffen bewußt zivil, um sie von eher militärischen Modellen abzuheben und damit die Jäger dafür zu begeistern.

So sieht die in den USA auch als »Camp Carbine« bezeichnete Waffe mit ihrem dunkel gebeizten Birkenschaft, Gummischaftkappe und den brünierten Metallteilen tatsächlich wie ein Jagdgewehr aus, wäre da nicht das ungewohnt kantige Verschlußgehäuse und der lange, schräg nach hinten weisende Magazinschacht. Er nimmt beim *M 9* ein doppelreihiges, zehnschüssiges Magazin auf, während das *M 45* über einen einreihigen Speicher mit sieben Schuß verfügt. Letzterer entspricht dem Magazin der berühmten Pistole Colt Government, das *M 9* arbeitet ebenso mit Smith & Wesson-Pistolenmagazinen.

Angesichts des vertretbaren Preises von 950 Mark (470 Euro) gibt es an der Verarbeitung der Marlins nichts auszusetzen. Puristen werden sich jedoch an den teilweise gut einen Millimeter breiten Spalten zwischen Holz und Metall stören und auch der nur grob geschliffene Lauf sowie die derb eingeprägten Beschriftungen könnten anders aussehen. Und wer auf *»Heavy Metal«* steht, wird sich nicht sonderlich für die Einheit von Magazinschacht und Abzugsbügel aus Kunststoff begeistern können – jedoch stellten Plastikteile ihre Praxistauglichkeit bei Waffen längst unter Beweis.

Im Abzugsbügel liegt der Sicherungsschieber, dessen Vorbild sich beim Garand-Selbstlader findet. Auf der linken Seite des Magazinschachts brachten die Ruger-Techniker den gut erreichbaren Knopf des Magazinhalters sowie den Schieber des Ver-

schlußfangs an, wobei der Verschluß nach dem letzten Schuß offen bleibt. Nur als absolut griffig und angenehm läßt sich der sehr breite Verschluß-Spannhebel bezeichnen, was genauso für das glatte Abzugszüngel gilt.

Ziemlich »KK-einfach« sieht die Visierung aus, die aus einer schlichten, höhenverstellbaren Federblattkimme sowie einem orangenen Kunststoff-Balkenkorn besteht. Die Farbe eignet sich gut für den Schuß unter schlechten Lichtverhältnissen, unter normalen Bedingungen verhilft etwas mattschwarzer Modellbaulack zu einem deutlich klareren Zielbild. Aufgrund der für entsprechende Waffen üblichen Schußentfernungen von 50 bis 100 Meter empfiehlt sich allerdings so oder so ein Zielfernrohr, wobei die Montagebohrungen ab Werk im Gehäuse vorhanden sind. Jäger sollten den wackeligen Korntunnel mit Heißkleber oder einem Schweißpunkt befestigen, da er sonst trotz Raste bei der ersten festeren Begegnung mit einem Ast nach vorn vom Sockel rutscht.

Im Anschlag erwies sich der auf der Unterseite flach und damit breit gehaltene Vorderschaft als sehr angenehm zu halten, zudem eignete er sich bestens zum wackelarmen, aufgelegten Schießen. Nach einem sanft reibenden Kriechweg von etwa 1,5 Millimeter löste der Druckpunktabzug der Testwaffen bei recht schwergängigen 3400 Gramm (9 mm) aus. Beim Modell *M 45* zeigte die Federzugwaage 100 Gramm weniger an. Der Rückstoß ließ sich in beiden Kalibern am ehesten mit einer Waffe in .223 Remington vergleichen. Schließlich flitzt bei den Pistolenkalibern deutlich mehr Masse durch den Lauf als bei den Minikugeln der 5,56 Millimeter-Patronen, was den im ersten Augenblick überraschend deutlichen Schlag in der Schulter erklärt. Selbst die geringere Geschwindigkeit kann das nicht ausgleichen. Trotzdem gestaltet sich das Schießen mit den Marlins als sehr angenehm.

Der massive Verschlußblock wirkt sehr vertrauenerweckend und wiegt 380 Gramm – nur wenig mehr als die Hälfte des Blocks im Ruger PC 9.

Seine abgesetzte Gehäuseform und das nach hinten ragende Magazin prägen das Marlin M 9.

Da der Lauf jedoch ein Stück über der Schulter liegt, springt die Mündung deutlich nach oben. Schließlich setzt sich der Rückstoß nicht direkt in die Schulter fort, sondern hebelt das Rohr über die Schulter als Angelpunkt aus der Waagerechten.

Über Kimme und Korn auf der 50 Meter-Bahn geschossen erzielte das *M 9* abhängig von der Munitionssorte nicht gerade berauschende Streukreise zwischen 30 und 70 Millimeter. Die 45er-Version lag im Schnitt einen Zentimeter darüber. Was die Geschoßgeschwindigkeit angeht, so erzielten acht Gramm schwere Geschosse aus der 9 mm-Variante durch den 16,5 Zoll-Lauf eine Mündungsgeschwindigkeit von deutlich über 350 Meter pro Sekunde – gegenüber einer vierzölligen Pistole eine Steigerung von knapp 20 Prozent. Dagegen lag die 45er gerade mal fünf Prozent über dem Fünf Zoll-Lauf einer Colt Government.

Alles in allem kommen die Marlins tatsächlich in erster Linie für das Schießen auf Blechbüchsen – das in Amerika sehr beliebte *Plinking* – in Frage, andererseits eignen sie sich aufgrund der geringen Konkurrenz, die sich momentan auf das *Ruger PC 9* (siehe Seite 120) oder vielleicht einen 9 mm-Umbau des *.30 M 1 Carbine* beschränkt, ebenfalls für das sportliche Schießen.

GRUPPE LJUNGMAN

Ljungman AG 42 B, Hakim und Rashid

Eigentlich geht es in Schweden in Sachen Handwaffenentwicklung eher ruhig zu. So griff die Armee des Nordlandes fast schon traditionell zu ausländischen Waffen, wobei der Mauser-Repetierer *Gevär m/96* unter Ordonnanzgewehr-Schützen fast schon zum Mythos wurde. Das liegt hauptsächlich am von Schweden gewünschten Kaliber 6,5 x 55 mm Mauser (M 94), das über eine hohe Eigenpräzision verfügt und das Militärgewehr zur idealen Matchwaffe wandelt.

Nachdem es vor dem II. Weltkrieg noch keine NATO und damit auch keinen Munitionsstandard gab, blieben die Skandinavier der halbautomatischen Eigenentwicklung *AG 42* der Konstrukteure Eklund und Ljungman treu. Nach einigen kleinen Nachbesserungen erhielt das 1942 vom Militär angenommene

Gewehr die Bezeichnung *AG 42 B* und wird nach dem Namen eines seiner beiden Konstrukteure auch als *Ljungman* bezeichnet. Zur Präzision trägt weiter das Gassystem bei, das wie beim *MAS 1949* oder dem *Stoner M 16* (siehe Seite 155 und Seite 114) ohne Gaskolben direkt auf den Verschlußträger wirkt. Damit gaben die Schweden den heutigen Sportschützen einen sehr genau schießenden Selbstlader in die Hand. Insgesamt reiht sich die Waffe in die bis etwa 1945 typischen, massiven Konstruktionen mit Frästeilen und durchgehender Dreiviertelschäftung ein.

Das *Ljungman* löste die Mauser-Repetierer jedoch nicht vollständig ab, vielmehr erhielt jeder Zug einer schwedischen Infanteriekompanie nur eine bestimmte Stückzahl. Das Ende beider Gewehre als Militärwaffen läutete 1965 die Einführung des deutschen *G 3* im NATO-Kaliber 7,62 x 51 mm ein, das als *AK 4* wie früher das *AG 42 B* in der schwedischen Staatsfabrik Carl Gustaf in Eskilstuna und bei Husqvarna im gleichnamigen Ort gefertigt wurde. Seit 1984 dient eine abgewandelte Version des belgische Sturmgewehrs *FN FNC* unter dem Code *AK 5* den Schweden als Standardwaffe.

Die Mündungsmutter des Schweden (oben) läßt sich mit einem speziellen Schlüssel herunterdrehen. Beim Rashid (unten) geht das auch ohne Werkzeug (im Uhrzeigersinn). Der Mündungsfeuer-Dämpfer des in der Mitte abgebildeten Hakim fiel der Säge zum Opfer.

Mit seiner Länge von über 120 Zentimetern läßt sich das *AG 42 B* am besten mit dem *Tokarew* (siehe Seite ......) vergleichen. Der Schwede ist für eine Militärwaffe sehr gut verarbeitet, was gleichermaßen für Metall- und Holzteile sowie die Passungen gilt. Der Handschutz reicht bis zur Gasabnahme und besitzt keine Lüftungsschlitze, wodurch keine Konflikte mit dem 37er Paragraphen entstehen dürften. Dazu trägt auch der Mündungsfeuerdämpfer bei, der lediglich aus 36 kleinen, unauffälligen Bohrungen besteht. Einige Importeure deckten sie trotzdem sicherheitshalber mit einer Hülse ab. Ungewöhnlicherweise bildet der Dämpfer in der Verlängerung nach vorn (!) den Kornsockel. Während andere Firmen den Feuerschein davor mildern, verlängerten die Nordlichter mit diesem Kniff geschickt die Visierlinie um etwa drei Zentimeter.

AG 42 B

Stärken	Schwächen
• Sehr gute Verarbeitung • Überzeugende Schußleistung	• Schwäche des Ausziehers

Ungewöhlich ist auch der Spannvorgang der Waffe, was – anstatt mit einem Kammergriff – mit dem Gehäusedeckel erfolgt. Nach dem Einstecken des Magazins greift der Schütze die beiden »Nasen« des Oberteils und schiebt es nach vorn über den Verschlußträger. In vorderster Position rastet die Klinke des Deckels in die entsprechende Aussparung des Trägers ein, worauf sich die gesamte Einheit aus Verschluß, Träger und Deckel zurückziehen läßt. Trifft die Klinke auf das abgerundete Gegenlager im Boden-

Das schwedische Ljungman-Gewehr AG 42 B und seine ägyptischen Ableger Hakim und Rashid (von unten nach oben).

Steckbrief:	AG 42 B	Hakim	Rashid
• Hersteller:	Carl Gustav und Husqvarna, Schweden	Maadi, Ägypten	Maadi, Ägypten
• Kaliber:	6,5 x 55 mm Mauser	8 x 57 IS	7,62 x 39 mm
• System:	Gasdrucklader mit Kippblock		
• Magazinkapazität:	10	10	10
• Lauflänge (mm):	610	610	520
• Gesamtlänge (mm):	1215	1155 (ohne MFD)	1030
• Visierlänge (mm):	600	550	470
• Gewicht (g):	4350	4650	3700
• Preis 1999 ca. (DM/Euro):	900-1400,-/ 460-630,-	600-800,-/ 310-410,-	600-900,-/ 310-460,-

Grundsätzlich unterscheiden sich die Systeme von AG 42 B (oben) und Hakim (Mitte) wenig. Nur die Teile des Rashid fallen entsprechend der kürzeren Patrone kleiner aus.

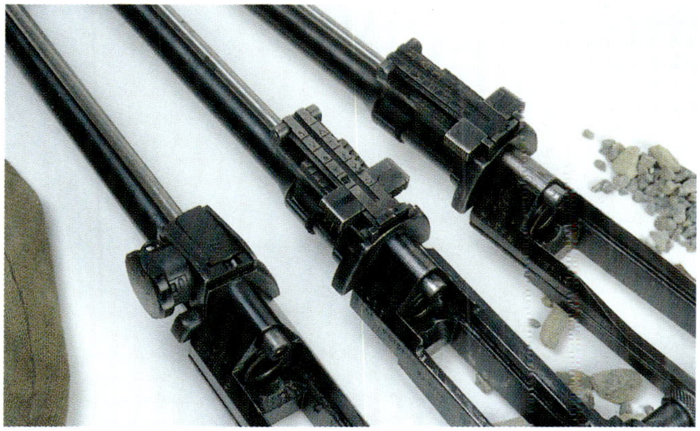

■ *Die Höhe der Kimme des AG 42 B (links) kann der Schütze mit einem griffigen Rad rasch von 100 über 200 bis 300 Meter verstellen. Antiquiert wirken dagegen die herkömmlichen Tangentialkimmen der Ägypter, die arabische Schriftzeichen tragen.*

■ *Das Spannen geschieht beim Schweden mit einem Griff an die zwei angenieteten »Nasen« am Verschlußdeckel. Die Ägypter sahen hier lediglich einfache Riffelungen vor. Die hochstehenden Nocken dienen zum Führen des Ladestreifens. Das Rashid (oben) kann der Schütze – wie von vielen anderen Waffen gewohnt – mit dem Kammergriff spannen.*

stück, schnappt die Nase nach oben und der Verschlußträger saust nach vorn, wobei die stabilen Teile keinerlei blechernes Scheppern von sich geben. Beim Zerlegen des Gewehrs wird das Widerlager mit dem Schwenken des Zerlegehebels weggedreht und die Klinke bleibt beim Zurückziehen des Deckels ruhig. Trotzdem ist Vorsicht geboten: Das gesamte Dreier-Paket steht unter starker Spannung der Verschlußfeder (siehe Kasten).

Bei der Konstruktion des Deckels dachten die Ingenieure wohl nicht gerade an den Wiederlader – trotzdem schützt der aus Gummi gefertigte Hülsenabweiser die ausgeworfenen Hülsen bestens vor Dellen.

Als nächste Besonderheit ist der doppelte Magazinhalter zu nennen. Er rastet zunächst hinten in eine Nocke am Patronenspeicher ein, worauf er sich jedoch mittels eines Klapphebels arretieren läßt. Damit kann der *AG 42 B*-Besitzer das Magazin gegen Herausfallen schützen – bei den Schweden sollte das Teil fest in der Waffe bleiben und per Ladestreifen gefüttert werden.

Zerlegen von AG 42 B, Hakim und Rashid

- Magazin und Patronenlager leeren
- Die drei Schrauben aus dem Abzugsblech drehen
- Gehäusedeckel nach vorn drücken, samt Verschluß zurückziehen und wieder vorschieben
- Zerlegehebel am Bodenstück nach rechts legen und dieses nach oben herausziehen
- Gefederten Halter des vorderen Schaftrings eindrücken und Ring abziehen (Hakim: Schraube herausdrehen, Rashid: Zwei Schrauben herausdrehen)
- Schaftring am Handschutz abziehen, wobei beim Hakim das Lockern der Schraube am Halter diesen Schritt erleichtert.
- System aus dem Schaft nehmen
- Gehäusedeckel mit Verschlußträger und Verschluß herausziehen
- Verschlußträger zusammen mit dem Deckel vorn gut festhalten, da hoher Federdruck (nicht beim Rashid)
- Verschlußfang hinten im Deckel drücken und den Träger langsam herausgleiten lassen (entfällt beim Rashid)
- Verschluß aus dem Träger nehmen

■ *Im Unterschied zum AG 42 B besitzen Hakim und Rashid einen Gasregler an der Gasabnahme.*

Für das AG 42 B gibt es für wenig Geld das Original-Zubehörtäschchen mit Öler, Werkzeug sowie einigen Ersatzteilen, darunter zwei Ausziehkrallen.

Als Führung diente dabei der »Höcker« auf dem Gehäusedeckel. Allerdings kann die Magazin-Arretierung auf dem Schießstand ziemlich nerven, weshalb viele *AG 42 B*-Schützen die zusätzliche Sicherheit einfach ausbauen. Beim Herausnehmen des Magazins muß ein Finger zudem den gewissermaßen zweiten,vorn direkt an den Speicher genieteten Halter eindrücken und ihn entriegeln. Andere Waffen verfügen an dieser Stelle über eine simple Nocke.

Das Verstellen der Höhe auf die Entfernungen von 100, 200 und 300 Meter erfolgt beim *AG 42 B* sehr praktisch über das griffige Rad am Kimmensockel. Für die Feineinstellung ist das eingeschraubte Korn zuständig, wobei ein vom *Ljungman*-Besitzer oben in den Korntunnel nachträglich gebohrtes Loch den Zugriff erleichtert – dem Sammler graut es, dem Schützen erleichtert es das Einschießen. Die seitliche Korrektur ist über den Schwalbenschwanz der vorderen Zielhilfe möglich.

Das mit 4350 Gramm recht hohe Gewicht sowie die Vorderlastigkeit der langen Waffe ermöglichen einen sehr ruhigen Anschlag. Freude bereitete auch der Druckpunktabzug, der nach einem nur Millimeter langen und leicht reibenden Kriechweg mit angenehmen 2300 Gramm auslöste. Der Rückstoß läßt sich aufgrund des Gewichts und der moderaten Patrone gut bewältigen.

Hakim

Stärken
- Durch Modifikationen interessanter Nachbau des AG 42 B

Schwächen
- Mäßige Schußleistung
- Schwäche des Ausziehers
- Im Vergleich zum AG 42 B geringere Verarbeitungsqualität

Und die große Waffenlänge sorgt dafür, daß die Mündung des *AG 42 B* nicht allzuweit aus der Ziellinie springt. Das Gewehr erzielte sehr gute Fünfergruppen von 50 Millimeter auf die 100 m Distanz. Allerdings neigt das *AG 42 B* dazu, bei zu schnell zurückfahrendem Verschluß die Hülsenböden abzureißen oder die Auszieherkralle abzubrechen. Entlastungsrillen im Patronenlager wären hier eine mögliche Lösung, die Schweden setzten jedoch lieber auf Ersatzkrallen im Werkzeugbeutel jeder Waffe.

Mit dem *AG 42 B* erwiesen sich die Nordländer nicht nur einmal mehr als ideenreiche Konstrukteure, sondern ebenso als gute Kaufleute. Schließlich konnten sie den Ägyptern das Gewehr schmackhaft machen. Bereits Anfang der 50er Jahre entstand unter der Leitung schwedischer Ingenieure in der ägyptischen Stadt Helwan eine kleine Waffenfabrik, die neben der ebenfalls schwedischen *(M 45) Port Said*-Maschinenpistole (9 mm Para) – einen Nachbau der *Carl Gustaf*-MPi – auch das nun *Hakim* genannte Selbstladegewehr im deutschen Kaliber 8 x 57 IS fertigte. Die Waffe löste das belgische *SAFN 49* ab (siehe Seite 144), das zusammen mit britischen *Lee Enfield*-Repetieren bis dahin die Standardbewaffnung der Ägypter bildete.

Im Unterschied zum nordischen Vorbild erhielt die Lizenzausgabe einen bis auf Höhe des Vorderschaft-Abschlusses reichenden Handschutz, wodurch die Waffe sehr klobig wirkt. Statt mit einem Putzstock führten die Ägypter das vordere Schaftende mit einer Schraube. Weiter sitzt der große – in Deutschland KWKG-mäßig einfach abgesägte – Mündungsfeuerdämpfer vor dem Korn. Das Gassystem besitzt eine Einstellschraube, die sich über eine Bohrung im Handschutz erreichen läßt. Dreht der Schütze den keilförmigen Knopf auf die erste Raste nach hinten, läßt das Ventil nur eine geringe Gasmenge durch. Weiter gegen den Uhrzeigersinn gedreht, steigt sie an. Trotzdem können selbst bei weitgehend geschlossenem Ventil noch abgerissene Hülsenböden vorkommen.

Darüber hinaus zeigt sich schon bei montierter Waffe, daß die Gasabnahme gegenüber dem *AG 42 B* rund zwölf Zentimeter weiter hinten liegt. Weiter besitzt das *Hakim* am Gehäusedeckel lediglich eingeprägte Fingerrillen zum Spannen, und der Hülsenabweiser besteht aus einem schlichten Metallbügel. Zudem verzichtete Ägypten auf den vorderen Magazinhalter. Alles in allem sind die Oberflächen des *Hakim* im Vergleich zum Schweden deutlich gröber gearbeitet.

Statt der mittels eines Rades verstellbaren hinteren Zielhilfe zielten die Ägypter über eine bereits in den 50ern antiquiert wirkende Tangential-Kimme (die Entfernungsangaben sind in arabischen Zeichen eingeprägt). Wie beim Vorbild geriet dabei der Ausschnitt der U-Kimme ein wenig zu flach.

Dem Druckpunktabzug kann man mit Fug und Recht die Bewertung »äußerst brauchbar« zuerkennen. Er löste bei der

Rashid

Stärken
- Für das Kaliber sehr gute Schußleitung
- Handliche Waffe
- Angenehmes Schuß-verhalten

Schwächen
- Verarbeitung
- Kurze Visierlinie

Testwaffe nach einem kurzen Kriechweg von einem Millimeter unter 2350 Gramm aus. Das Schießen mit dem *Hakim* geriet durch die kräftige Patrone zu einer vergleichsweise ruppigen Angelegenheit. Außerdem erhielten die Hülsen vom Metallbügel am Auswurffenster eine kräftige Beule verpaßt. Die Schußleistungen erreichten nicht das Niveau des schwedischen Vorbilds. Ausreißer weiteten die Fünf-Schuß-Gruppen in der Regel auf über zehn Zentimeter aus.

Für Sammler stellen die Trainingsversionen des *Hakim* eine Besonderheit dar. Das italienische Unternehmen Beretta fertigte für die Rekrutenausbildung eine Ausführung in .22 l.r.; die Ulmer Firma Anschütz baute gar ein Druckluft-Modell, das heute etwa 500 bis 600 Mark kostet.

Wie andere Länder erkannte auch Ägypten schon bald, daß die Zeit der langen, schweren Infanteriegewehre mit Weltkrieg-I-Munition zu Ende war. So lief 1954 die Fertigung der erheblich kürzeren und leichteren *SKS*-Karabiner im Kaliber 7,62 x 39 mm an (siehe Seite 88). Dessen Vorzüge flossen schließlich in die Entwicklung des *Rashid* ein. Sein System stammte samt dem direk-

Ordonnanzwaffen-Spezialist Willi Reichert präsentiert die Druckluft-Trainingsausführung des Hakim.

Das Bodenstück (rechts) schließt das System der drei Waffen hinten ab. Trifft der kleine silberfarbene Knopf des Verschlußdeckels beim Spannen oder automatischen Repetieren auf die Wölbung im Bodenteil, schnellen Verschluß und Träger nach vorn.

ten Antrieb des Verschlußträgers, der Sicherung am Magazinhalter und der Schäftung mit glatter Kolbenplatte und schräg angesetztem hinteren Riemenbügel wiederum vom *Ljungman* ab. Im Grunde passten die Ägypter die Teile im Grunde einfach der kürzeren Patrone an. Allerdings ersetzten die Konstrukteure den Durchlade-Deckel durch einen griffigen Kammerstengel à la *SKS*. Er läuft rechts in einer Schiene des Gehäuses und bleibt wie beim *FN FAL* während des Schießens in vorderster Stellung. Vom *SKS* übernahmen die Ägypten außerdem die Lüftungsschlitze im Handschutz, mit denen das *Rashid*, trotz entferntem Klappbajonett, nur knapp am 37er vorbeischrammte.

Durch seine Länge von nur 103 cm bei 3700 g Gewicht ist das *Rashid* erheblich leichter und handlicher als *Hakim* und das *AG 42 B*. Dies verringert, zusammen mit dem geringen Rückstoß der 7,62 x 39 mm, die Belastung des Schützen erheblich.

Der Druckpunktabzug der Testwaffe stand trocken und löste bei angenehmen 2400 Gramm Widerstand aus. Überzeugen konnte das *Rashid* zudem mit seiner Schußleistung auf 100 Meter: Es stanzte mit wiedergeladener Munition, wie schon das *VZ 52/57* (siehe Seite 80), Fünf-Schuß-Streukreise von 60 Millimeter aus der Scheibe. Dabei erschwerten die nur 47 Zentimeter kurze Visierlinie und der flache Kimmenausschnitt das Zielen etwas.

Neben dem *Rashid* diente auch das tschechische *M 52* eine zeitlang in Nordafrika. Nachdem Ägypten auf die automatische Kalaschnikow AK 47 umstellte, ging die Ära der Halbautomaten im Lande der Pharaonen zu Ende.

SCHWEIZ

SIG-AMT 510-4

Männer und Frauen in Zivil, die mit geschulterten Sturmgewehren zu Fuß oder auf dem Fahrrad auf offener Straße unterwegs sind, fallen in der Schweiz nicht weiter auf. Denn in der kleinen Alpenrepublik ist der sogenannte mündige Bürger nicht nur eine Sprechblase wie in anderen (Nachbar-) Staaten, die insbesondere bei Wahlkämpfen bemüht wird, in punkto Waffengesetzgebung jedoch weit hinter ihrem Anspruch zurückbleibt. Aber auch die einst so souveräne Schweiz verschärfte auf Druck des Auslandes (wer war das wohl?) inzwischen ihr liberales Waffengesetz; nichtsdestotrotz werden Schützen dort (noch) weit weniger Hindernisse in den Weg gelegt als anderswo. Zu den Vertrauensbeweisen des Staates gegenüber seinen Bürgern gehört auch der Brauch, daß jeder Bürger nach Ableistung des Grundwehrdienstes sein Sturmgewehr mit nach Hause bekommt. Dort steht es nicht nur im Schrank und wartet zusammen mit dem Besitzer auf die nächste Wehrübung – nein, es darf auch zum sportlichen Übungsschießen verwendet werden, denn dies schult ja die zur Landesverteidigung nötigen Schießfertigkeiten.

Viele Reservisten führen nicht das aktuelle schweizer Sturmgewehr SIG *SG 550* im NATO-Kaliber 5,56 x 45 mm *(Sturmgewehr 90)*, sondern das Vorgängermodell SIG *SG 510 (Sturmgewehr 57)* im schweizer Ordonnanzkaliber 7,5 x 55 mm (M 11). Die wahlweise halb- oder vollautomatisch schießende Waffe ist durch ihren geradlinigen Aufbau und das recht hohe Verschlußgehäuse leicht zu erkennen. Der Spannhebel kann seine Abstimmung von den Geradezug-Repetierern *K 11* oder *K 31* nicht verleugnen, den 1957 abgelösten Vorgängern des *Stgw 57*. Andererseits findet sich der hochklappbare Tragegriff in fast identi-

scher Form beim *FN FAL,* zudem erinnert die Ausführung der Kimme an die belgische Waffe. Alles in allem sieht es für Laien, vor allem durch seine bis zum Korn gezogenen Kühlöffnungen im Handschutz sowie durch das eckig und breit ausgeführte Gehäuse, fast wie ein Maschinengewehr aus.

Beim Verschlußsystem griff die in Neuhausen am Rhein beheimatete Schweizer Industrie Gesellschaft (SIG) auf den Rollenverschluß zurück. Vorbilder fanden die Konstrukteure beim deutschen *Sturmgewehr 45* und dem zwischen 1950 und 1954 in Spanien entwickelten *CETME-Sturmgewehr,* dem Vorläufer des deutschen *G 3*.

SIG gab sich mit dem Verkauf an die Armee seines Heimatlandes nicht zufrieden, jedoch war im Ausland mit der schweizer Ordonnanzpatrone kein Staat zu machen. Deshalb entwarf das Unternehmen die Ausführungen *SG 510-3* in 7,62 x 39 mm sowie *SG 510-4* im NATO-Kaliber 7,62 x 51. Von letzterem kauften Bolivien und Chile zwar beträchtliche Stückzahlen, der ganz große Durchbruch blieb jedoch aus. Dies lag vor allem am hohen Preis der hervorragend verarbeiteten Qualitätswaffe, die dadurch

Steckbrief: SIG-AMT 510-4

• Hersteller:	SIG, Schweiz
• Kaliber:	.308 Win
• System:	Rückstoßlader mit Rollenverschluß
• Magazinkapazität:	5
• Lauflänge (mm):	470
• Gesamtlänge (mm):	1040
• Gewicht (g):	5000
• Preis 1999 ca. (DM/Euro):	5000,-/2550,-

gegen preisgünstigere Konkurrenten auf dem internationalen Markt, wie etwa dem *FN FAL*, ins Hintertreffen geriet.

Weiter versuchte SIG eine halbautomatische Variante auf dem zivilen Markt an den Schützen zu bringen, konnte aber keine großen Stückzahlen loswerden, was wiederum hauptsächlich am Preis lag. Zu den Abnehmern gehörte unter anderen das US-Unternehmen AMT, das die Waffe in den Vereingten Staaten unter der Bezeichnung *SIG-AMT* vertrieb. In den 70er Jahren importierte Oswald Kempf, damals noch Privatmann und heute Fachhändler in Ergolding, das 308er-System der hier vorgestellten Waffe. Er versah es mit einer zivilen Lochschäftung und ließ den gelochten Handschutz hinter einem sportlichen Vorderschaft verschwinden. Darüber hinaus paßte er es, unter anderem mit der Begrenzung der Lochkimme auf 300 Meter, den deutschen Vorschriften an. Es war damit der direkte Ahne seiner *SIG 550-2 SP*-Modelle. Offiziell gelangte das *SIG-AMT* nie auf den deutschen Markt, jedoch sickerten einzelne Exemplare über verschiedene Wege legal ins Land. Damit zählt es in der Bundesrepublik zu den seltensten Halbautomaten.

Trotz seines hohen Gewichts von genau fünf Kilogramm ist das *AMT* aufgrund seiner guten Balance ein vergleichsweise handliches Gewehr. Die Qualität des Systems lehnt sich an die traditionell hochwertigen schweizerischen Waffen an. Weder die gefrästen noch die aus dickem Stahlblech hergestellten Prägeteile zeigen innen oder außen übermäßige Arbeitsspuren.

Im Unterschied zu den ebenfalls mit einem Rollenverschluß ausgestatteten und beim Spannen sehr schwergängiger Heckler & Koch-Gewehren, läßt sich das *SIG-AMT* spielend leicht durchladen. Angenehm auch der Magazinhalter, der durch seine ringsum schön gerundeten Kanten die Finger schont. Bei der Testwaffe hakelte das Magazin allerdings ein wenig. Bequem läßt sich der Knopf des Sicherungshebels greifen, der einmal

■ ***Das Modell AMT 510-4 des schweizer Herstellers SIG beruht konstruktiv auf dem Sturmgewehr 57 der Eidgenossen, verschießt aber Patronen im NATO-Kaliber 7,62 mm x 51.***

■ ***Das System läßt sich rasch mit wenigen Handgriffen zerlegen.***

mehr an das *FN FAL* erinnert. Leider fehlt dem Gewehr ein separater Verschlußfang, der Verschlußkopf bleibt lediglich am Zubringer hängen.

Das schmale Kimmenblatt ergibt zwar einen guten Überblick im militärischen Einsatz, stört aber beim sportlichen Scheibenschießen. Immerhin stimmt die Bohrung der hinteren Zielhilfe bestens mit den Kornschutzbacken überein. Auf seinem Weg muß das Abzugszüngel zwei Widerstände überwinden: Den ersten beim Vorzug, den zweiten am Druckpunkt, der bei gewichtigen 4500 g Abzugswiderstand liegt. Allerdings kaschiert der Abzug, unter anderem durch den nur etwa einen Millimeter langen Kriechweg, diese Gewichtshebelei. Und wer bei kalter Witterung mit (Faust-)Handschuhen schießen möchte, braucht nur das lange Zügel an der Abzugsgruppe abzuklappen, das bis unter den Abzugsbügel reicht. Im Schuß bleibt der Spannhebel in vorderster Stellung, er rast während des Repetiervorgangs also nicht zurück.

Durch sein hohes Gewicht schießt sich das *SIG-AMT* sehr angenehm. Die Schußleistung entspricht mit Fünfergruppen von 50 bis 60 Millimeter (100 Meter-Distanz) in etwa der des Heckler & Koch *G 3*.

Ein Kuriosum zeigt sich beim Zerlegen am Bodenstück: Es kann nach dem Entriegeln mittels der unten eingesetzten Wippe durch eine kurze Drehung abgenommen werden – und damit offenbart es die gleiche Befestigungstechnik wie die deutschen Maschinengewehre *MG 34* und *MG 42*, beziehungsweise des Bundeswehr-*MG 3*.

Zerlegen

- Verriegelungswippe drücken und das Bodenstück um eine knappe 45 Grad-Drehung – von hinten unten gesehen – nach links schwenken und abziehen
- Verschlußfeder aus der Führung im Bodenstück ziehen
- Sicherungsstift hinten an der Abzugsgruppe herausziehen und Einheit abnehmen
- Spannhebel zurückziehen, in hinterster Position nach außen abziehen und Verschlußträger samt Verschluß aus dem Gehäuse nehmen

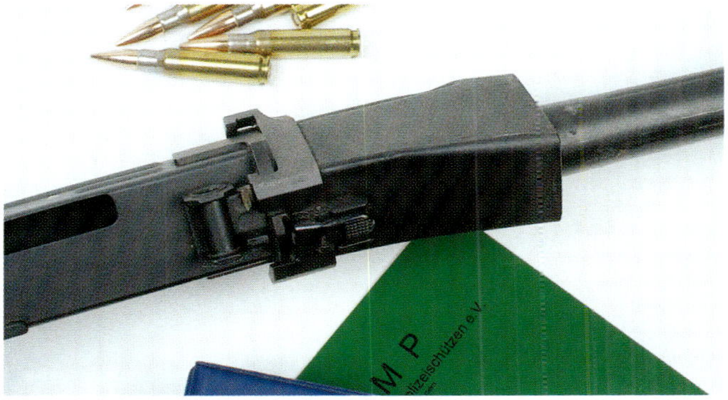

■ *Nach dem Druck auf den geriffelten Entriegelungsknopf kann man das Bodenstück wie bei einem Bayonettverschluß drehen und abnehmen.*

Stärken
- Sehr gute Verarbeitung
- Außergewöhnlich interessante Befestigung des Bodenstücks
- Gute Schußleistung

Schwächen
- Hohes Gewicht

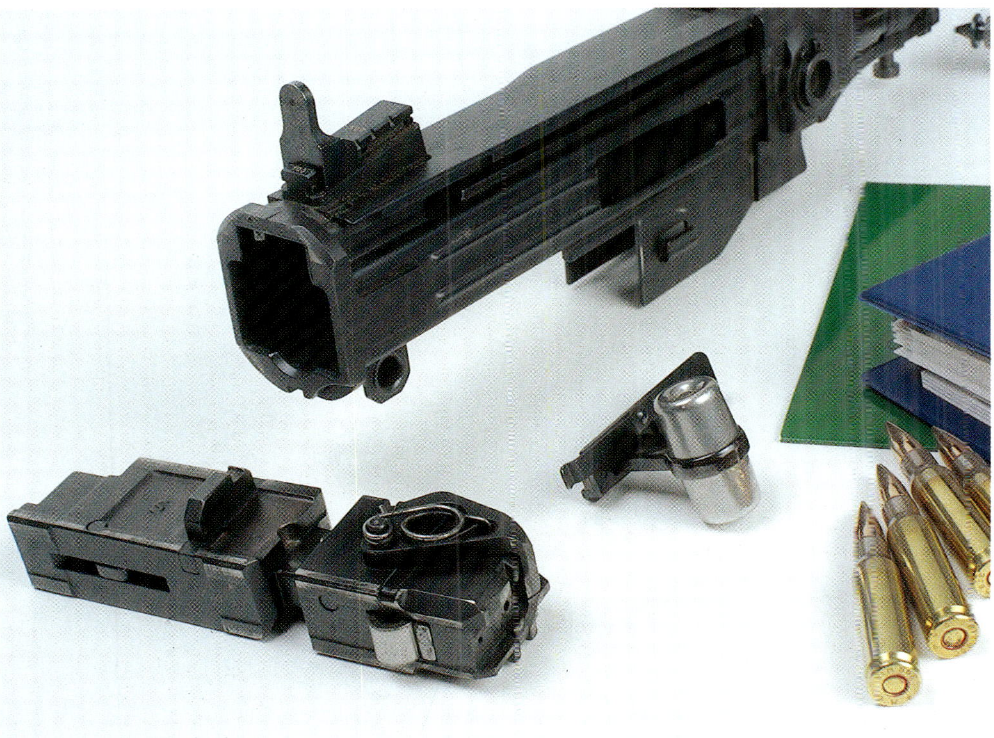

Oben:
■ *Die Abzugsgruppe verfügt über ein Winter-Züngel, das neben den normalen Drücker herunter zu schwenken ist. Damit kann der Schütze den Abzug auch mit dicken (Faust-)Handschuhen sicher bedienen. Der anklappbare Tragegriff erinnert stark an den des belgischen FN FAL.*

Links:
■ *Auf dem Rollenverschluß ist die ungewöhnliche Feder der Auszieherkralle zu sehen. Der Kammergriff aus Aluminium entspricht dem des schweizer Ordonnanz-Gewehrs K 31.*

Marti SIG PE 90, Kempf 550-2 SP/ Zivil Sport/SG 550 Zivil Match

Waffen aus der Schweiz glänzten schon immer durch besondere Qualität. Das gilt nicht nur für die aus dem Vollen gearbeitete Pistole *SIG 210* oder den Geradzug-Karabiner *K 31*, sondern ebenso für die hochmodernen Sturmgewehre der Schweizer Industrie Gesellschaft (SIG).

Die Fertigung des aktuellen *Sturmgewehrs 90 (Stgw 90)* im Kaliber 5,56 x 45 mm begann 1986, wobei es die firmeninterne Bezeichnung *SG 550* beziehungsweise *SG 551* (Karabiner-Version) erhielt. Ende 1987 schob die SIG das halbautomatische Zivilmodell *PE 90* (**P**rivat **E**inzelfeuer) nach, das sich zum Verkaufsschlager entwickelte.

Gemäß Paragraph 37 des deutschen Waffengesetzes konnten die deutschen Schützen jedoch kein *PE 90* von der Stange kaufen, das in der Schweiz schon für etwa 2000 Franken über den Ladentisch geht. Erst etwa drei Jahre später brachte die Firma Oswald Kempf Waffentechnik aus Ergolding eine nach den gesetzlichen Bestimmungen geänderte Ausführung für rund 4100 DM auf den Markt. Der Würzburger Importeur Horst Trigatti schob 1992 die 4600 Mark teure Variante *PE 90* aus der Werkstatt des schweizer Büchsenmacher-Unternehmens Marti-Waffen-Tuning nach. Die ersten rund 100 Exemplare der Kempf-Ausführung hießen *550-2 SP* und waren eigentlich für den US-Markt bestimmt. Ihre Läufe weisen eine sehr kurze Drallänge von 7 Zoll auf (auch an einer Rille im Bereich der Laufwurzel zu erkennen), während das Nachfolgemodell mit der Bezeichnung *Zivil Sport* mit 10 Zoll-Drall kommt – ein wichtiger Unterschied, der bei der Geschoßwahl berücksichtigt werden muß.

Anders als die wahlweise mit Nußbaum oder Schichtholz lochgeschäfteten *Kempf*-Gewehre verfügt das *Marti* über Hand-

Steckbrief:	PE 90	550-2 SP	Zivil Sport	SG 550 Zivil Match
• Hersteller/Importeur:	Marti, Schweiz	Kempf, Ergolding	Kempf, Ergolding	Kempf, Ergolding
• Kaliber:	5,56 x 45 mm	5,56 x 45 mm	5,56 x 45 mm	5,56 x 45 mm
• System:		Gasdrucklader mit Drehriegelverschluß		
• Magazinkapazität:	5	5	5	5
• Lauflänge (mm):	490	495	500	500/650
• Gesamtlänge (mm):	965	1005	1005	1020/1165
• Visierlänge (mm):	540	540	540	-
• Gewicht (g):	4650	4600	4600	5200/5400
• Preis 1999 ca. (DM/Euro):	4900,-/2500,-	4900,-/2500,-	4900,-/2500,-	5900-6000,-/3010-3060,-

teile aus grün/bräunlich eingefärbtem Kunststoff. Zudem drehten die Baarer Büchsenmacher den für den deutschen Amtsschimmel anstößigen Mündungsfeuerdämpfer einfach ab und schnitten das Scharnier des Klappschafts auf. Erst nachdem man feststellte, daß das fehlende Gewicht an der *Marti*-Mündung zu deutlich schlechteren Trefferbildern führte, verkleidete das Unternehmen ihn mit einer Hülse. Diesen Weg wählte auch Kempf, der außerdem das Klappschaft-Scharnier mit dem Schaftholz abdeckte. So wirkte das System weniger manipuliert.

Beide Verschlußgehäuse besitzen serienmäßig eine Aufnahme für die Zielfernrohr-Montage von SIG, spätere Ausführungen tragen eine Weaver-Schiene. Sie ermöglicht den Einsatz einer Vielzahl von Montagen. Als Visierung dient sinnvollerweise eine offenbar vom deutschen *G 3* abgekupferte Lochkimme, die zusammen mit dem Tunnel-geschützten Balkenkorn ein optimales Visierbild liefert. Wer eine Optik vorzieht, muß mit einem etwas hoch montierten Glas leben, da es über die angeschweißte Lochkimme reichen muß.

Einen anderen Weg ging Kempf mit der 1996 vorgestellten Modellreihe, die eine hochdruck-gepreßte und schwarz lackierte Buchenschäftung mit rauher Oberfläche besitzt. Die Waffen mit der Bezeichnung *SG 550 Zivil Match* erhielten eine Prismen-

Links:
■ Drei Kameraden (von oben): Die Modelle Marti PE 90, Kempf 550-2 SP und Kempf SG 550 Zivil Match beruhen auf dem schweizer Sturmgewehr 90.

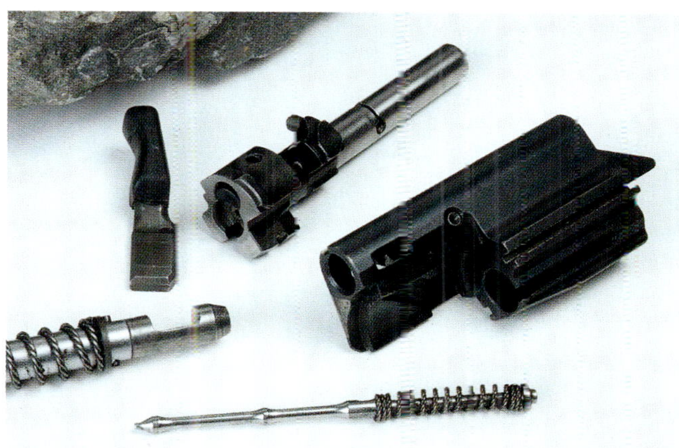

Rechts:
■ Der Spannhebel liegt im (in der Bildmitte sichtbaren) Durchbruch des Verschlußträgers. Dort greift er direkt in die Aussparung in der Stange des Gaskolbens.

■ ***Sehr sauber verarbeitet präsentieren sich die Einzelteile des SIG-Systems, wie auch der Schaft des 550-2 SP.***

schiene, die wahlweise eine ZF-Montage, ein Hämmerli-Diopter oder ein Trommelvisier aufnimmt. Der Vorteil gegenüber der unverrückbar angeschweißten Kimme liegt in der möglichen niedrigeren ZF-Montage. Eine weitere Neuerung stellen die eingesetzten Matchläufe dar, die normalerweise in den Scharfschützengewehren ihren Dienst versehen, die für die schweizerische Polizei auf Basis des *SG 550* entwickelt wurden. Eigentlich zwang wiederum der Anscheinswaffen-Paragraph den rührigen Bayern zu den neuen Ausführungen: Im Frühjahr 1993 erklärten die Behörden das *550-2 SP*, das *Zivil Sport* und auch das *Marti* wegen freiliegender Verschlußgehäuse zu Anscheinswaffen. Trotz der daraufhin angebrachten Seitenverkleidungen gelang Kempf der Entwurf eines noch immer ansehnlichen Sportgewehrs, das wahlweise mit 50 oder 65 Zentimeter langem Lauf geliefert wird. Nur der sehr breite und hohe Vorderschaft wirkt eine Spur zu wuchtig und die Handballenauflage am Hinterschaft ebenfalls ein wenig füllig. Zudem ist das Gewehr mit seinen über fünf Kilogramm Leergewicht sehr schwer. Es gehört unter den Sport-Selbstladern mit seinem Preis von knapp 6000 Mark zur absoluten Oberklasse.

Trotzdem blieben die inneren Werte erhalten, sprich das sorgfältig gefertigte System mit seiner samtweichen Spann-Charakteristik. Außerdem fühlt sich der gummiüberzogene Spannhebel angenehm weich an, der breite Magazinhalter schont ebenfalls die Finger und der wahlweise links oder rechts ausschwenkbare Abzugsbügel ermöglicht das problemlose Schießen mit Handschuhen. Sehr praktisch ist auch der doppelseitige Sicherungsflügel, den Kempf mittels verlängerter Achse außen auf die Seitenverkleidung verlegte, statt ihn in einer Aussparung zu versenken. Wie bei den Vorgängermodellen geben auch bei dieser Waffe durchsichtige Kunststoff-Magazine auf einen Blick Auskunft über die Anzahl der Patronen.

Im Anschlag erwiesen sich Winkel und Stärke des Lochschaft-Griffs als goldrichtig und der breite Vorderschaft lag satt auf dem Sandsack. Etwas schlecht definiert gab sich der Druckpunktabzug, der nach kurzem und kratzfreiem Kriechweg bei brauchbaren 2850 Gramm auslöste. Die Schußleistung erwies sich auf der 100 Meter-Bahn als recht ordentlich: Fünf-Schuß-Gruppen lagen bei zügiger Feuergeschwindigkeit mit

■ ***Mr. SIG 550: Oswald Kempf aus Ergolding.***

Stärken	Schwächen
• Saubere Verarbeitung	• Hohes Gewicht (Zivil Match)
• Sehr gute Schußpräzision	• Hoher Preis
• Vorteilhafte Lochvisierung	

unterschiedlichen Munitionssorten und Geschoßgewichten zwischen 52 und 55 Grains in aller Regel zwischen 22 und 30 Millimeter. Nach Aussage Oswald Kempfs soll sich die Präzision nach den ersten 500 Schüssen weiter verbessern. Übrigens läßt sich der Durchlaß des Gaskanals durch Drehen der vor dem Kornsockel liegenden Gasdüse erweitern, was das halbautomatische Verschießen leichter Scheibenlaborierungen ermöglicht.

Grundsätzlich bereitet das Zerlegen der Waffe keine Probleme, jedoch erschweren die dicken seitlichen Abdeckungen das Herausdrücken der gegen Verlust gesicherten Befestigungsbolzen unnötig. Trotz aller KWKG-Änderungen zählt das aktuelle Kempf-Gewehr zu den technisch überzeugendsten Selbstladern. Allerdings hat die Qualitätsarbeit verglichen mit anderen, sehr guten 223ern einen recht saftigen Preis zur Folge – und die Vorgänger des aktuellen Modells legten mit einem *Second Hand*-Preis von wenigstens 4900 Mark inzwischen kräftig zu. Aber, es war schon immer etwas teurer, einen besonderen Geschmack zu haben.

■ *Beim Marti-Gewehr liegt der Kornträger frei, während die Führung für die Gewehrgranate abgedreht wurde. Beim 550-2 SP darunter ist sie noch vorhanden. Das Zivil Match ganz unten erhielt einen Matchlauf.*

■ *Das Marti erhielt einen besonders schlanken Schaft, wobei die Aussparung im Vorderschaft einen Fuß des eingeklappten Original-Zweibeins aufnimmt. Der Abzugsbügel ist zum Schießen mit Handschuhen seitlich abgeklappt.*

■ *Am Kornträger zeigt sich direkt über dem Rohr eine Entlastungsbohrung. Nach dem Entriegeln der Gasdüse (links) lassen sich Gaszylinder und Gaskolben von den übrigen Waffenteilen trennen.*

AUSTRALIEN

Australian Automatic Arms SP 20

Nicht immer erhält ein einheimisches Produkt den Zuschlag, wenn es um die neue Bewaffnung der eigenen Truppe geht. Das mußten auch die Konstrukteure des australischen Sturmgewehrs *SP 20* erfahren, das zu Beginn der 80er Jahre dem österreichischen *Steyr AUG* unterlag. Auf den herben Rückschlag hin nahmen die »Aussies« den Zivilmarkt aufs Korn und gründeten auf der Insel Tasmanien das Unternehmen *Australian Automatic Arms (AAA)*. 1986 präsentierte die Firma ihren neuen Selbstlader, der in Deutschland gemäß KWKG ohne Anscheins-Merkmale wie Mündungsfeuerdämpfer oder Pistolengriff auf den Markt kam. Leider ist er heute nur noch als Gebrauchtwaffe zu bekommen.

Das zivile *SP 20* verfügt über einen jagdlichen, geölten Hinterschaft sowie ein Vorderteil ohne seitliche Lüftungsschlitze. Die Wärme des Laufs kann über drei zentimetergroße Bohrungen in der Oberseite etwas entweichen. Sämtliche äußeren Metallteile erhielten als Rostschutz eine schwarze Lackschicht. AAA verlegte den Abzug ans hintere Ende des geprägten Gehäuses, damit der Finger das Züngel erreicht. Allerdings geriet der Hinterschaft etwa fünf Zentimeter zu lang. Dadurch wirkt das Gewehr im Anschlag reichlich unhandlich, erst ab einer Körpergröße von etwa einsneunzig wird es besser.

Wenigstens paßt die Höhe des Rückens gut zur etwas wackeligen Lochkimme, die sich mittels einfachem Drehen des runden

Blatts auf 100, 200 und 300 Meter einstellen läßt. Im übrigen harmoniert sie mit den Kornschutzbacken. Das seitliche Verstellen der Treffpunktlage funktioniert über eine griffige Rändelschraube an der Kimme, die Höhenkorrektur ist am Korn möglich. Weiter ermöglicht die angeschweißte Weaver-Schiene das problemlose Anbringen einer Zielfernrohr-Montage.

Ähnlich dem *G 3* liegt der Spannhebel weit vorn links in der Mitte des Vorderschafts, auch das Abwinkeln des Teils als eine Art des Verschlußfangs stammt aus deutschen Landen. Der Drücker des Magazinhalters liegt wie beim *M 16* auf der rechten Gehäuseseite und der Sicherungshebel links. Übrigens passen die Magazine des *Stoner*-Gewehrs. Eine Anleihe des zuvor von Australien geführten *FN FAL* alias *L1 A1* (siehe Seite 148) findet sich im Drücker hinter der Kimme, der für das Abklappen des Gehäuse-Oberteils zuständig ist.

Das Gehäuse fiel mit 36 Millimetern ziemlich breit aus, was an den beiden links und rechts angeordneten Federn im Verschlußträger liegt. Insgesamt packten die Australier Verschluß, Träger, Federn und Führungsstangen zu einer kompakten Einheit zusammen. Etwas erinnert das Gewehr mit seinen wenigen, robusten Bauteilen an die Produkt-Philosophie des amerikanischen Herstellers Ruger. Einfach und funktionell gestaltet ist auch das Gassystem über dem Lauf, dessen Stange den Verschlußträger ähnlich dem *Tokarew* nur über einen kurzen Weg anschubst.

Leider löste der Abzug der Testwaffe erst nach einem schwammig weichen Vorzug bei allerdings ordentlichen 1600 Gramm aus. Das Rückstoßverhalten entsprach der sanften

Steckbrief: SP 20

• Hersteller:	Australian Automatic Arms, Australien (Tasmanien)
• Kaliber:	.223 Rem
• System:	Gasdrucklader mit Drehriegel
• Magazinkapazität:	5
• Lauflänge (mm):	510
• Gesamtlänge (mm):	1045
• Gewicht (g):	3400
• Preis 1999 ca. (DM/Euro):	2000,-/1020,-

■ *Ähnlich wie beim G 3 steht der Spannhebel weit vor dem Gehäuse schräg nach oben.*

■ *Das SP 20 gibt sich äußerlich als militärisch-ziviler Mischling. Der Abstand zwischen Kolben und Abzugszüngel läßt sich nur von Langfingern bewältigen.*

■ ***Im Hinblick auf die wenigen Teile hätte das SP 20 eigentlich durchaus das Zeug zur Militärwaffe gehabt.***

Patrone, zudem leitete der tief liegende Lauf zusammen mit dem hohen Schaftrücken den leichten Schlag direkt in die Schulter und sprang dadurch nur wenig aus der Ziellinie. Wiederlader freuen sich beim *SP 20* über die ohne Delle ausgeworfenen Hülsen. Auf 100 Meter lagen fünf Schüsse im günstigsten Fall auf 60 Millimeter zusammen. In aller Regel öffnen sie sich aufgrund von Ausreißern jedoch auf wenig begeisternde neun Zentimeter.

Trotz dieser Schwäche konnte das Australian Automatic Arms *SP 20* einige Freunde gewinnen. Schließlich ist es auf dem Schießstand unter den üblichen Gewehren wie *Ruger Mini-14* oder *Heckler & Koch SL 6* einfach etwas besonderes.

Zerlegen

- Magazin entnehmen, Patronenlager leeren
- Entriegelungsknopf hinter der Kimme drücken und Verschlußgehäuse abklappen
- Einheit von Verschluß, Träger, Federn und Führungsstange herausziehen
- Scharnierbolzen vorn unten aus dem Gehäuse drücken
- Der Hinterschaft löst sich nach dem Herausdrehen einer Längsschlitzschraube und einer Sechskantmutter aus dem Abschluß des Abzugsgehäuses. Der zweiteilige Vorderschaft ist mit zwei Inbusschrauben befestigt
- Gasstange zurückziehen, Kolben entnehmen und Stange seitlich nach vorn herausziehen

Stärken

- Einfach und ohne Werkzeug zerlegbar
- Gute Lochvisierung
- Mäßige Schußpräzision

Schwächen

- Schaft zu lang
- Schwammiger Abzug

■ *Hinten in der Abschlußplatte der Einheit aus Verschluß, Träger, Federn und Führungsstangen liegt der rote Gummipuffer, der den restlichen Schwung des zurückrasenden Verschlusses vor dem Griffstück abfängt.*

■ *Zum Öffnen des Gehäuses genügt beim SP 20 ein Druck auf den herausstehenden Schieber am Ende des Systemkastens. Der Sicherungsflügel entspricht in Form und Funktion dem des M 16.*

BELGIEN

SAFN 49

Eigentlich hinkte das *SAFN 49* schon zur Zeit seiner Einführung bei der belgischen Armee im Jahr 1949 seiner Zeit weit hinterher. Schließlich zeichnete sich bereits die preisgünstige Fertigung von Waffengehäusen aus Blechprägeteilen ab, während das gesamte System des ***S**emi-**A**utomatic, **F**abrique **N**ationale* (in etwa: FN-Selbstlader) aus aufwendig gefrästen Teilen bestand. Damit liegen die Wurzeln des Gewehrs in den späten 30er Jahren, als der Konstrukteur und Leiter der FN-Forschungs- und Entwicklungsabteilung Dieudonné Saive mit den Arbeiten daran begann. Die Gewehre sollten die Mauser-Karabiner der belgischen Armee ersetzen. Während des Kriegs setzte Saive die Entwicklung im englischen Exil bei der Royal Small Arms Factory in Enfield fort und erreichte 1945 das Prototypenstadium des *Self Loading Experimental Model (SLEM)* im deutschen Kaliber 8 x 57 IS. Nach Herstal zurückgekehrt, führte er das Projekt 1948 zu Ende. In der Folge stattete FN nicht nur die belgischen Truppen mit *SAFN* im US-Kaliber .30-06 Springfield aus, sondern exportierte sie auch in Länder wie Argentinien, Brasilien, Kolumbien

und Luxemburg (.30-06), Venezuela (7 mm Mauser), Ägypten und Zaire (8 x 57 IS). Im Programm fand sich außerdem das Kaliber 7,65 x 53 Mauser. Bereits ab 1952 ersetzte das weitaus modernere *FN FAL* in halb- und vollautomatischer Version das nach der Eigentumsmarke auch als *ABL (Arme Belgique Legère*, zu deutsch: Leichte belgische Waffe) bezeichnete Gewehr. Allerdings blieb das *ABL/SAFN* noch längere Zeit im Dienst.

Saive stattete das *SAFN 49* mit einem Kippblockverschluß aus, wie er in vergleichbarer Form schon im russischen *Tokarew 1938* und im späteren *FAL* auftrat. Eine Gasbohrung 16 Zentimeter vor der Mündung zapfte den Lauf an. Die Gase entwichen durch eine Bohrung des im Kornsockel sitzenden Bolzens, der – um 180 Grad gedreht – seine geschlossene Seite der Laufbohrung zuwendet und so den Selbstlader (pst, nicht weitersagen: oder ebenfalls gefertigten Vollautomaten) in einen Repetierer verwandelt. In der normalen Position wirken die Gase auf das verchromte, gefederte Gasgestänge, das schließlich den Verschlußträger nach hinten wirft. Nach neun Millimetern kippt das hintere Ende des Verschlußblocks über links und rechts im Träger eingefräste Rampen nach oben weg und kann jetzt nach hinten gleiten. Schließlich wirft der fest in der Kammerbahn liegende Ausstoßer die leere Hülse aus. Wird nicht geschossen, verhindert ein verschiebbarer Staubschutzdeckel auf der rechten Systemseite das Eindringen von Schmutz in die Verschlußbahn.

Steckbrief: SAFN 49

• Hersteller:	Fabrique Nationale d'Armes de Guerre, Herstal
• Kaliber:	.30-06 Springfield, 8 x 57 IS, 7 x 57 Mauser, 7,65 x 53 Mauser
• System:	Gasdrucklader mit Kippblock
• Magazinkapazität:	10
• Lauflänge (mm):	59 cm
• Gesamtlänge (mm):	112 cm
• Visierlänge (mm):	62 cm
• Gewicht (g):	4500 g
• Preis 1999 ca. (DM/Euro):	900,- bis 1500,-/ 460,- bis 765,-

Beim Bedienen der Waffe stört im Grunde nur das nach alter Väter Sitte von oben – Patrone für Patrone oder per Ladestreifen – zu fütternde Magazin, eine Einsteckausführung wäre hier die bessere Wahl gewesen. Die Argentinier ärgerte dieses Manko so, daß sie ihre *SAFN* mit FAL-Magazinen und entsprechenden Magazinschächten ausstatteten.

Das *SAFN 49* ist mit von etwa 4,5 Kilogramm ein recht schweres Gewehr, wobei vor allem die massiven Metallteile und der stabile Nußbaumschaft mit bis zum Korn vorgezogenen Handschutz ihren Teil beisteuern. Dem Sportschützen ermöglicht das hohe Gewicht jedoch einen ruhigen Anschlag. Zusammen mit dem von Schutzbacken eingefaßten Balkenkorn liefert die Lochkimme ein sehr klares Zielbild, das sich gut zum sportlichen Schießen eignet. Der Sicherungshebel ist ein Thema für sich: In seiner unteren Position blockiert er das Züngel, liegt genau vor dem Drücker und stört den Abzugsfinger. Ein vorn aus dem Abzugsbügel herausstehender Stift zeigt, daß das Schlagstück gespannt ist.

■ **Das SAFN 49 gehört sicherlich zu den schönsten Militär-Selbstladern, nur der Hinterschaft wirkt im Verhältnis zum übrigen Gewehr ein wenig zu klein.**

■ ***Die Systemteile bestehen, wie bei Waffen aus Vorkriegsfertigung üblich, aus massiven, gut gearbeiteten Frästeilen.***

Der Druckpunktabzug erweist sich als militärisch rauh, kann aber vom Büchsenmacher ohne großen Aufwand »gezähmt« werden. Die Masse des Gewehrs fängt einen großen Teil des Rückstoßes ab, was beim Schießen von großen Serien sehr angenehm ist.

Wunderdinge sollte niemand vom *SAFN* erwarten, zumal der Lauf nicht gleichmäßig schwingt und die Waffe stark auf Hitze reagiert. Der Durchschnitt der Fünfschuß-Streukreise der Testwaffe im Kaliber 8 x 57 IS lag zwischen 55 und 70 Millimeter. Eine Testwaffe im Kaliber .30-06 lieferte etwas bessere Trefferbilder.

Etwas ins Gerede kam das *SAFN 49*, nachdem bekannt wurde, daß sich die Schlagbolzen einiger ägyptischer Waffen verklemmten. Sie zündeten die Patrone bevor der Verschluß vollständig verriegelte. Das Problem lag in der mangelnden Härte der Reserve-Schlagbolzen.

Ansonsten wird die Waffe insbesondere Schützen gefallen, die Wert auf gute Verarbeitung legen – zumal alle außerhalb des Schafts sichtbaren Flächen sauber überschliffen sind. Besonders im Kaliber .30-06 hält der Fachhandel ein umfangreiches Munitionsangebot bereit, Wiederlader finden zudem ein breites Geschoßsortiment. Militärwaffen-Sammler können auf das *SAFN 49* ohnehin nicht verzichten, insbesondere, wenn sie es auf Systeme mit Kippblock abgesehen haben. Auf dem Sammler-

Zerlegen

- Magazin und Patronenlager leeren
- Waffe spannen und sichern
- Hebel auf der Gehäuserückseite um 180 Grad nach oben schwenken
- Oberteil nach vorn schieben, etwas anheben und nach hinten abziehen
- Kammergriff auf Höhe des gegenüber auf der Systemhülse liegenden Nockens zurückziehen und samt Verschlußträger nach oben abnehmen
- Am Abschlußbolzen des Gassystems vorn im Kornsockel steckt ein gefederter Stift. Seine stärkere Seite eindrücken und das dünne Ende bis zum Anschlag herausziehen
- Bolzen um 90 Grad drehen und herausziehen
- Jetzt läßt sich auch das Gasgestänge mit der Feder herausschütteln
- Die drei Schrauben des Abzugsblechs entfernen und den Schaftring lösen
- Das Magazin läßt sich nach Zurückziehen des kleinen Hebels am hinteren Ende des Schachtes entnehmen

In dieser Position läßt der Bolzen vorn im Kornsockel die heißen Gase frei ins Gassystem strömen. Um 90 Grad gedreht, verschließt er die Gasbohrung und das Gewehr arbeitet nun als Repetierer.

markt finden sich außerdem immer wieder Bajonette oder Mündungsfeuerdämpfer. Gelegentlich taucht auch eines der recht seltenen Zielfernrohre des Herstellers *Société Belge d'Optique et d'Instruments de Précision* auf, die einst für die Scharfschützenausführung des *SAFN* gefertigt wurden (ca. 900 Mark). Bei 25-Schuß-Magazinen ist Vorsicht geboten, was die Originaltreue angeht – es handelt sich nicht um Originalstücke, sondern um Magazine, die aus Patronenspeichern anderer Waffen (wie dem deutschen *MG 13*) passend umgearbeitet wurden.

Bei gespanntem Schlagstück ragt unten aus dem Abzugsbügel ein deutlich fühlbarer Stift. Ist die Waffe nicht feuerbereit, verdeckt der Sicherungsflügel das Abzugszüngel. Darüber ist der Schieber des Staubschutzdeckels am System zu sehen.

Stärken

- Hohe Verarbeitungsqualität
- Weiches Schußverhalten
- Signalstift bei gespanntem Schlagstück
- Leicht zu zerlegen

Schwächen

- Kein Einsteckmagazin
- Umständliches Anschrauben des vorderen Schaftrings

Hinten im Gehäusedeckel ist der Verriegelungshebel zu erkennen. Auf der linken Seite vor der Kimme sitzt der Verschlußfanghebel.

Springfield SAR 4800/ Harlacher L1 A1 (FN FAL)

Die beiden Gasdrucklader *SAR 4800* von Springfield Armory und *L1 A1* des Oberpfälzer Fachhändlers Stefan Harlacher basieren auf dem Modell *FAL (Fusil Automatique Léger)* der belgischen *Fabrique nationale d'armes de guerre,* kurz *FN.* Das »leichte, automatische Gewehr« entstand in den 50er Jahren am Zeichentisch des Konstrukteurs Dieudonné Saive, wobei es technisch auf dessen Modell *SAFN 49* aufbaute.

Ab 1958 rüsteten nach und nach 79 Staaten ihre Armeen mit dem Gasdrucklader *Fusil Automatique Léger* aus. FN produzierte 1,7 Millionen Stück, zusammen mit internationalen Lizenzfertigungen erhöht sich die Zahl auf vier bis fünf Millionen. Damit zählt die schlanke Waffe mit Kippblock-Verschluß neben dem russischen *AK 47*, dem amerikanischen *M 16* und dem deutschen *G 3* zu den großen Würfen der Waffengeschichte, zumindest was Sturmgewehre angeht.

Als *G 1* diente es als erstes einheitliches Gewehr der jungen Bundeswehr und lag auch in den Waffenkammern von Bundesgrenzschutz und der Bereitschaftspolizeien (BePo) der Länder. Mittlerweile dienen nur noch wenige Stücke bei BePo und BGS als Trägerwaffe für Tränengas-Munition.

Als zivile Ausführung tauchten in Deutschland bislang nur das amerikanische Springfield *SAR 4800* und das *L1 A1* auf. Mittlerweile fallen aber beide Varianten unter den Bann des Paragraphen 37. Während das *SAR* auf einem in Brasilien gefertigten System basiert, stammt die *L1 A1*-Mechanik aus Indien. Die Commonwealth-Herkunft belegen neben der englischen Kurzbezeichnung der Waffe die zickzack-förmigen Einfräsungen im Verschlußträger, die Schmutz aufnehmen und ableiten sollten. Das Gewehr kostete mit 2000 Mark deutlich weniger als sein brasilianischer Konkurrent (3585 Mark), was unter anderem an der schlechteren Verarbeitung und der billigen Buchen- oder Kunststoff-Schäftung des *L1 A1* lag.

Die beiden Zivilisten im Kaliber .308 Winchester verfügen jeweils über einen eleganten Lochschaft, der beim *Springfield* aus buntem Schichtholz, beim *L1 A1* aus schwarz gebeizter Buche besteht. Der Besitzer des vorgestellten Harlacher-Exemplars ersetzte ihn jedoch durch einen schönen Nußbaumschaft mit Fischhaut vorn und einen punzierten Pistolengriff. Nach den gesetzlichen Bestimmungen verdeckt der Vorderschaft die Gasabnahme samt Gestänge und läßt nur das Korn frei – nur schade, daß er dadurch etwas wurstförmig wirkt. Die Lüftungsschlitze liegen bei den Zivilisten oben und unten im Holz, statt wie beim *FAL* in den Seiten.

An der Mündung verdeckt beim *SAR* ein Laufgewicht das Gewinde für den bei einigen *FAL*-Ausführungen eingesetzten Mündungsfeuerdämpfer, beim *L1 A1* liegt es frei. Weiter faßt das gekürzte Magazin nur fünf Patronen.

Ansonsten entsprechen die Gewehre ihren militärischen Ahnen. So bestehen die Systeme aus massiven Teilen, nur der Gehäusedeckel kommt in Blechpräge-Technik. Der Spannhebel liegt auf der linken Seite, wodurch die Schußhand beim Durchladen am Pistolengriff bleiben kann. Jedoch läßt sich der weich gerundete Knopf des *SAR 4800* angenehmer greifen als der etwas kantige Klapphebel des *L1 A1*. Der Sicherungsflügel findet sich wiederum links über dem Abzugsbügel, somit in Reichweite des Daumens. Direkt hinter dem Magazinschacht lugt der nach links herausstehende und damit ebenfalls gut erreichbare Verschlußfang-Drücker hervor. Der etwas schmale, aber für den Daumen noch recht problemlos zu bedienende Magazinhalter liegt rechts daneben.

Zum Zerlegen der Gewehre dient ein Hebel links hinten am Griffstück. Nach hinten geschwenkt klappt die Einheit von Verschlußgehäuse und Lauf nach unten. Jetzt kann der Schütze problemlos den Verschluß samt Träger sowie die Gehäuseabdeckung aus ihren Führungsschienen ziehen. Die weitgehend ebenen Innenflächen lassen sich vom Putztuch gut erreichen. Allerdings erwiesen sich die inneren Metallteile des *L1 A1*

Steckbrief:	**SAR 4800**	**L1 A1**
• Hersteller	Springfield Armory /	Stefan Harlacher
• Kaliber:	.308 Win	
• System:	Gasdrucklader mit Kippblock-Verschluß	
• Magazinkapazität:	5	5
• Lauflänge (mm):	530	530
• Gesamtlänge (mm):	1055	1040
• Visierlänge (mm):	550	550
• Gewicht:	5100	5000
• Preis ca. (DM/Euro):	4700,-/2400,-	3500,-/1800,-

gegenüber dem brasilianischen System als deutlich schlechter verarbeitet. Dennoch läuft die Reinigung deutlich schneller ab als bei aufwendiger zu zerlegenden Gewehren wie dem *HK SL 7*.

Nach der ersten Inspektion sollte das Einstellen des Gewehrs auf die Munition erfolgen; denn nach Abnehmen des Vorderschafts kann der Schütze zunächst den Gasbolzen vorn im Kornsockel, der gleichzeitig die Gasabnahme bildet, erreichen. Jeweils eine halbe Drehung nach links oder rechts öffnet beziehungsweise schließt die Gasbohrung. Somit läßt sich ein *FAL*-System wahlweise als Selbstlader oder Geradezugrepetierer schießen, wobei letzteres ursprünglich zum Verschießen von Gewehrgranaten gedacht war.

Hinter dem Kornsockel liegt die Gasstellschraube. Damit kann vor allem der Wiederlader über 14 verschieden weite Öffnungen das Gewehr sowohl auf schwache Scheibenlaborierungen, normale Munition als auch für harte *Power*-Ladungen einstellen. Der Verschluß muß nach dem Schuß ausreichend weit zum Auswerfen der Hülse zurückfahren und gleichzeitig die nächste Patrone zuverlässig aus dem Magazin mitnehmen. Allerdings darf der Impuls nicht zu stark erfolgen. Sonst rast der Verschlußträger so schnell zurück, daß er mit voller Wucht auf das Griffstück knallt. Zum einen kann die Überfunktion auf Dauer an der Waffe zu Schäden führen, zum anderen fängt der zu schnell wieder nach vorn schnellende Verschluß möglicherweise die Hülse im Auswurffenster. Die richtige Einstellung liegt an, wenn die Hülse nach dem Schuß etwa zwei Meter weit aus der Waffe fliegt und von Schuß zu Schuß sauber die frischen Patronen zuführt.

Das L1 A1, hier mit nachträglich angebautem Nußholzschaft und punziertem Pistolengriff.

Das Springfield SAR 4800 kommt mit Schichtholz-Schaft. Eine spezielle Montage von B-Square nahm das Zielfernrohr auf.

■ ***Mit wenigen schnellen Handgriffen läßt sich das FAL-System problemlos in seine Einzelteile zerlegen.***

Gaskolben und Gasrohr neigen zu starker Verschmauchung, was bei »rußender« Munition unter Umständen bereits nach 80 bis 100 Schuß zu Ladehemmungen führt. Selbst nach etwas weiterem Schließen des Gasventils reicht der Schub dann nur für wenige zusätzliche Schüsse. Regelmäßiges Reinigen ist deshalb angesagt. Für den zivilen Schützen weniger problematisch ist die Tatsache, daß Eis und Sand und andere Partikel die Funktion des Gewehrs stören können. Dies liegt an den engen Passungen des *FAL*, wodurch sich schnell Fremdkörper zwischen Verschlußträger und Gehäuse oder seinen Deckel klemmen.

Im Anschlag unterstützt das recht hohe Gewicht der Waffen eine ruhige Haltung, und der steile Griffwinkel sorgt für eine bequeme Lage der Schußhand. Dabei korrespondiert das von zwei stabilen Schutzbacken eskortiere, in der Höhe verstellbare Korn mit einem verletzlich dünn wirkenden Blatt der seitlich verstellbaren Lochkimme. Leider bringt die hintere Zielhilfe dem Sportschützen nur wenig Freude. Zunächst sitzt sie so wackelig auf ihrer Einstellrampe, daß ein sorgfältiges Einschießen nur nach dem Festklemmen der Kimme mittels eines feinen Blechstreifens gelingt. Außerdem fiel die Bohrung so groß aus, daß sie sich zwar für den schnellen Deutschuß auf kurze Distanz eignet, für das präzise Schießen auf weiter entfernte Ziele bleibt jedoch zuviel Raum zwischen dem Rand des Lochs und den Kornschutzbacken. Deshalb empfiehlt sich der Einsatz eines Zielfernrohrs, das zum Beispiel über eine Montage des amerikanischen Herstellers B-Square (etwa 200 Mark) stabil auf der Waffe sitzt.

Während der Abzug des *L1 A1* etwa einen Millimeter langen Kriechweg zurücklegte, löste das *SAR* fast trocken aus. Durch den tiefliegenden Lauf beider Gewehre ging der sanfte Rückstoß fast geradlinig in die Schulter, zudem schlug die Mündung nur wenig nach oben. Dadurch gestaltete sich das Schießen sehr schulterfreundlich. Zudem kann der Schütze das Ziel rasch neu erfassen: ein wichtiger Faktor bei dynamischen Disziplinen. Als etwas gewöhnungsbedürftig erwies sich jedoch die in den Schaft eingesetzte Verschlußfeder – der Schütze hört ihr Ratschen wie am *AR-15* bei jedem Verschlußzyklus.

Zerlegen

- Magazin entnehmen und Patronenlager leeren
- Riegelknopf nach hinten schieben und Waffe aufklappen
- Verschlußträger und Kammer herausziehen
- Gehäusedeckel abziehen
- Vorderschaft abschrauben
- Gasbolzen um drei Viertel Umdrehungen im Uhrzeigersinn drehen (Vorsicht Federspannung!)
- Gaskolben und Rückholfeder aus dem Gaszylinder ziehen
- Eventuell noch die Gasschrauben vom Gewinde drehen

Stärken

- Gute Schußpräzision
- Einstellbares Gassystem
- Leicht zu reinigen
- Gute Handlage

Schwächen

- Klapprige Kimme
- Anfällig gegen Verschmauchung (munitionsabhängig)

Die wohlgemerkt über die (festgeklemmte) Lochkimme erzielten Schußbilder konnten sich durchweg sehen lassen – und zwar bei beiden Waffen, ungeachtet des Preisunterschieds: Schon im Knieendanschlag landeten die drei ersten Probeschüsse auf 100 Meter in einem Bierfilz-großen Kreis. Zwar verdarben Ausreißer immer wieder die anschließend aufgelegt über die Lochkimme geschossenen Fünf-Schuß-Gruppen, jedoch erreichten die 168 grs Geschosse der Matchpatronen von Norma und RWS enge Streukreise um die 40 Millimeter. Mit leichteren Geschossen kamen die *FAL*-Ableger weniger gut zurecht, 60 bis 70 Millimeter waren jedoch noch immer drin.

Alles in allem stellen beide Waffen sehr gute Sportgeräte dar. Hoffentlich kommt irgendwann wieder eine Variante auf den Markt, die den strengen Blicken der Hüter des § 37 standhält.

Die Rillen im Verschlußträger des L1 A1 sollen Schmutz aufnehmen und ableiten. Darunter liegt der Kippblock-Verschluß.

Die Schraube rechts vom Kornsockel ermöglicht das Einstellen der Gasmenge.

Der Spannhebel läßt sich, typisch für das L1 A1, an das Gehäuse klappen. Im Unterschied zu den ansonsten gefrästen Systemteilen besteht der Gehäusedeckel aus geprägtem Stahlblech.

Rechts:
Das brasilianische System des SAR 4800 besitzt im Unterschied zum L1 A1 keine Schmutzrillen im Verschlußträger und der Spannhebel läßt sich nicht anklappen. Verschlußfanghebel (links) und Magazinhalter sind direkt hinter dem Magazinschacht angebracht.

FN Browning BAR II

John Moses Browning – der Name des großen Waffenkonstrukteurs ist auch heute noch zug- und verkaufsträchtig. Gerade mit Selbstladern wie der weltbekannten Pistole *Colt Government M 1911* oder der Rückstoßlader-Flinte *Auto 5* landete der Wahl-Belgier amerikanischer Herkunft echte Volltreffer. Auch heute noch profitiert die belgische *Fabrique Nationale (FN)* vom alten John Moses; indem sie beispielsweise ein breites Spektrum an Jagd- und Sportwaffen, ja sogar Angelgeräte und Compoundbogen unter seinem Namen vermarktet, auch wenn der alte Browning nicht an der Entwicklung beteiligt war.

Im Firmenkatalog findet sich auch der Selbstlader *FN Browning BAR II*, ein knapp über 2000 Mark teurer Gasdrucklader mit Drehriegel-Verschluß. Das Urmodell *BAR I* kam 1967 auf den Markt, besaß jedoch noch keinen Verschlußfang. Wie die erste Variante verfügt auch das *BAR II* über einen vom Verschlußgehäuse geteilten Schaft, wobei das Äußere durch die Form des Systemkastens noch stark an die *Auto 5* sowie eine ganze Reihe von Flintenmodellen verschiedenster Hersteller erinnert. Das Gewehr gibt es neben der getesteten »Pirsch« auch als »Treibjagd«-Ausführung mit Drückjagdschiene. Der Käufer kann aus einem breiten Kaliberspektrum wählen, das von der Rehwildpatrone .243 Winchester bis zur starken .338 Winchester Magnum reicht, allerdings ist das Gewehr momentan in Deutschland nur mit den in der Tabelle genannten Kalibern lieferbar. Übrigens ist das *BAR II* derzeit der einzige Selbstlader auf dem deutschen Markt, der Gürtelpatronen verschießt.

Die laut Lauf-Schriftzug in Belgien gefertigte und in Portugal zusammengebaute *Browning Automatic Rifle* besticht durch ihre hochglanzbrünierten Oberflächen. Nur schade, daß die Laufbeschriftung einfach in den Stahl geschlagen wurde und die Ränder der einzelnen Zeichen dadurch unansehnlich aufgeworfen erscheinen. Außerdem gab es am Abzugsbügel der Testwaffe einige gußrauhe Stellen. Immerhin besitzt die Verschlußhülse die zum Anbau von Zielfernrohr-Montagen in Eigenarbeit nötigen Gewindebohrungen.

Etwas störten die hinten am Verschlußgehäuse unterschiedlich hoch überstehenden Kanten des Hinterschafts das anson-

sten ansprechende Gesamtbild. Mit Blick auf den für den Verkauf von Selbstladern besonders wichtigen US-Markt besitzt die fischhautverschnittene Nußbaum-Schäftung wiederum eine Mattlackierung. Zur Befestigung von Riemenbügeln tragen Vorder- und Hinterschaft bereits die entsprechenden Sockel.

Wer im Gelände durch irgendwelche Umstände den Verlust eines separaten Magazins fürchtet aber trotzdem nicht auf bequemes Laden oder ein Reservermagazin verzichten möchte, wird sich über die Lösung der *FN Browning* freuen. Drückt der Finger den vor dem Abzugsbügel liegenden Schieber nach hinten, springt die Magazinklappe auf und nimmt den Speicher gleich mit. Er wird wiederum von einer kleinen Feder sicher gehalten, die ihn auf sanften Zug von zwei Fingern am Magazin jedoch willig freigibt – eine überaus praktische Angelegenheit. Rechts oberhalb des Magazindeckels liegt der Hebel des Verschlußfangs, der sich problemlos zum Arretieren oder Freigeben der Kammer erreichen läßt. Nach dem letzten Schuß bleibt der Verschluß geöffnet.

Ein Knopf hinten im Abzugsbügel blockiert beim Eindrücken von links wirkungsvoll das Abzugszüngel. Hält ein Finger von der rechten Seite dagegen, läßt sich nur noch ein sehr leises Klicken

Steckbrief:	**Modell »Pirsch«**
• Hersteller:	Fabrique Nationale, Lüttich/Belgien
• Kaliber:	.270 Win, .308 Win, .30-06 Sprg., 7 mm RemMag
• System:	Gasdrucklader mit Drehriegel
• Magazinkapazität:	4 (Magnum-Kaliber 3)
• Lauflänge (mm):	550
• Gesamtlänge (mm):	1096
• Visierlänge (mm):	450
• Gewicht:	3500
• Preis 1999 ca. (DM/Euro)	2100-2260,-/1070-1150,-

feststellen. Besonders der reichlich dimensionierte Vorderschaft lag gleichermaßen gut in kleinen und großen Händen. Dem Pistolengriff könnte hingegen eine leichte Auswölbung an der Seite nicht schaden, da die Handfläche etwas Füllung vermißt.

Über eine EAW-Schwenkmontage trug die Browning *BAR II* zum Test ein Zeiss Diavari ZM 3-12 x 56 mit Leuchtabsehen, wobei das Glas durch die große Baulänge weit hinten montiert werden mußte. Die Kimme versperrte den weiteren Weg nach vorn, weshalb eine kürzere Optik in diesem Fall die bessere Wahl darstellt. Allerdings eignet sich das Gewehr auch einwandfrei zum Schuß über die offene Visierung, da die Zielhilfen mit U-Kimme und Perlkorn beim schnellen Anschlag fast schon »zusammenfliegen«. Die problemlos in feinen Klicks in Höhe und Seite verstellbare Kimme des italienischen Herstellers LPA ließ das Einschießen auf eine Drückjagd-Entfernung von 50 Meter fast schon zu einem Vergnügen werden.

Mit einem Vertrauen erweckenden, satten »pling« verriegelte der vorschnappende Verschluß. Der Abzug löste bei einer Belastung mit akzeptablen 1900 Gramm aus, allerdings erst nach einem über etwa einen Millimeter weit reichenden leichten Reiben. Hier wäre die Nacharbeit eines Büchsenmachers gefragt. An der Schußpräzision der *BAR II* ließ sich nichts bemängeln, jedoch muß der Schütze, wie bei allen Halbautomaten, etwas Zeit aufwenden, um die am besten schießende Munition herauszufinden. Die übliche Munitionsfühligkeit der Selbstlader offenbarte sich bei der *Browning* mit Fünf-Schuß-Trefferbildern von 27 mm (Remington SFCL, 11,7 g/180 grs Softpoint Corelokt) bis zu den 56 Millimetern der PMP ProAmm mit gleichem Geschoßgewicht.

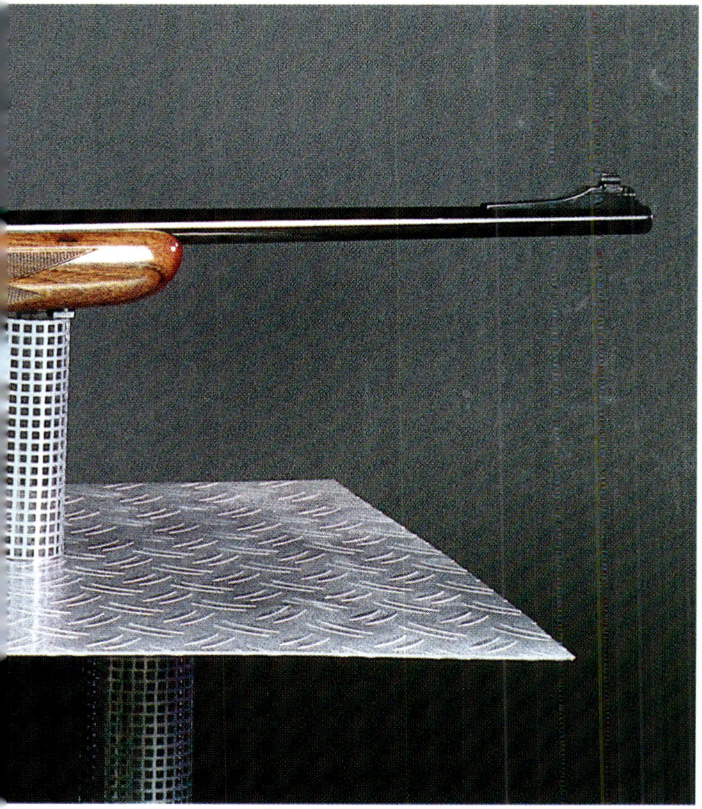

■ ***FN konzipierte das BAR II als formschöne und hochwertige Jagdbüchse.***

■ ***Der Schaft erhielt eine absolut griffige Fischhaut. Leider sind Fingerabdrücke auf dem glanzbrünierten Systemgehäuse besonders gut zu sehen.***

Wer nach dem Schießen das Systemgehäuse samt Mechanik reinigen möchte, klopft einfach zwei Bolzen hinten aus dem Kasten. Danach läßt sich die Abzugsgruppe herausziehen. Ein Gabelschlüssel mit einer Maulweite von neun Millimeter löst die Befestigungsschraube unter dem Schaft, worauf man das Holzteil nach arretieren des Verschlusses in seiner hintersten Position vorn anheben und abziehen kann.

Insgesamt macht die *FN Browning BAR II* einen rundum soliden Eindruck. Im Unterschied zu Waffen wie der (allerdings etwa ein Drittel billigeren) *Remington 7400* (siehe Seite 118) klappert kein Bauteil, und der mit einem satten Geräusch verriegelnde Verschluß läßt schon rein gefühlsmäßig berechtigtes Vertrauen zur Waffe aufkommen. Und wenn sich jemand vollends in das Gewehr verliebt, kann er oder sie es problemlos seinem eigenen Geschmack anpassen lassen: Jedenfalls bieten die großen, ebenen Flächen nicht nur Fingerabdrücken sondern ebenfalls umfangreichen Gravuren reichlich Raum.

■ ***Gute Lösung: Das Magazin sitzt in einer Klappe und kann dadurch nicht so leicht verlorengehen. Der Verschlußfanghebel vorn am Verschlußgehäuse läßt sich bequem mit der Schußhand erreichen.***

Stärken

- Sehr robuste Konstruktion
- Gute Verarbeitung
- Praktische offene Visierung
- Magazin gegen Verlust gesichert

Schwächen

- Kimme etwas zu weit hinten

FRANKREICH

MAS 49/56

Steckbrief:	MAS 49/56
• Kaliber:	7,5 x 54 mm MAS
• System:	Gasdrucklader mit Kippblock-Verschluß
• Magazinkapazität:	10
• Lauflänge:	50 cm
• Gesamtlänge:	99,5 cm
• Visierlänge:	57 cm
• Gewicht:	4100 g
• Preis 1999 ca. (DM/Euro)	700-900,-/360,- bis 460,-

Nach Ende des II. Weltkriegs lief es in Frankreich in Sachen Bewaffnung wie bei den belgischen Nachbarn, die jetzt ihre Pläne für das *SAFN 49* aus der Schublade zogen: Die Franzosen aktivierten zur Ausrüstung ihrer Armee Entwürfe, deren Ursprünge bis ins 19. Jahrhundert zurückreichen. Bereits 1894 liefen umfangreiche Versuche mit Selbstladern. Diese sollten den Franzosen nach dem verlorenen Krieg von 1870/71 einen technischen Vorsprung vor den Nachbarn jenseits des Rheins sichern. Das Pflichtenheft sah eine Feuergeschwindigkeit von mindestens 20 Schuß pro Minute vor. Dabei sollten die neuen Waffen die Schußpräzision moderner Repetierer erreichen. Par-

■ ***Käufer eines MAS können sich in aller Regel über das reichhaltige Zubehör einschließlich Bajonett freuen.***

allel dazu experimentierten die Konstrukteure mit »kleinkalibriger« Munition. Dank größter Geheimhaltung blieben die Aktivitäten in den Staatsarsenalen dem »Erzfeind« Deutschland weitgehend verborgen, der sich vier Jahre später über den neuen Mauser-Repetierer *M 1898* freute. Doch in der erzkonservativen französischen Armee hatten innovative Kräfte und Ideen nur wenig Raum. Frankreich verpaßte daher seine große Chance. So kam es, daß der Großteil der *Poilus* mit veralteten Repetierern wie dem Karabiner *Lebel M 1886* oder dem *Mle 1890 M 16* ins Feld zogen. Schließlich verließen im I. Weltkrieg nur wenig mehr als 85.000 Stück des *Mle 1917* die Fabriken, das jedoch immerhin als erstes offiziell in den Truppendienst eingeführtes Selbstladegewehr gelten darf. Insgesamt erwies sich seine Dienstzeit als wichtiger Praxistest, der wertvolle Erkenntnisse für künftige Konstruktionen brachte.

Trotzdem fuhr Frankreich weiterhin zweigleisig, weshalb seinen Soldaten 1940 mit dem Repetierer *MAS 1936* im Kaliber 7,5 mm ein modernes Gewehr zur Verfügung stand, das rein äußerlich bereits stark dem *MAS 49/56* ähnelte. Auf der Seite der Halbautomaten war die Wehrmacht schneller als die *Grande Armée* mit ihrem *MAS 38/39*, das bis zur deutschen Besetzung des Landes nur bis zur Vorserie heranreifte. Erst im Januar 1945 trat die Waffe als *Mle 44* ihren Dienst an. Während der Kämpfe in den fernöstlichen und afrikanischen Kolonien traten jedoch immer wieder kleinere Probleme auf, deren Lösungen in das Folgemodell *MAS 49* einflossen. Da sich die Gasbohrung im Piston jedoch nicht verschließen ließ, warf der Gasdruck abgeschossener Gewehrgranaten den Verschluß äußerst heftig zurück. Dadurch traten immer wieder Schäden an den Gewehren auf, weshalb das *MAS 49/56* neben weiteren Detailänderungen einen Ventilhebel erhielt. Das *MAS* besitzt kein Gasgestänge, vielmehr leitet ein Röhrchen die heißen Gase ähnlich wie beim amerikanischen *M 16* direkt in eine Bohrung oben im Verschlußträger. Die Waffen blieben bis 1979 im Dienst. Danach wurde es durch das in *Bullpup*-Bauweise konstruierte *FA MAS* im Kaliber 5,56 x 45 NATO ersetzt.

Das *MAS 49/56* (Kaliber 7,5 x 54 mm MAS, M 1929) besitzt einen Hinterschaft ohne Feinschliff, wie es sich sonst eher an Gewehren des ehemaligen Ostblocks oder Chinas findet. Der Vorderschaft ist dagegen sauber überarbeitet. Generell sind die gelegentlichen feinen Lücken zwischen Holz und Systemgehäuse bei einer Militärwaffe zu tolerieren. Mit einer Wandstärke des gußrauhen Gehäuses von über drei Millimetern am Magazinschacht erweckt das Gewehr einen sehr stabilen Eindruck, was auch für die dick als Rostschutz aufgetragene graue bis grüngraue Phosphatierung gilt – auch wenn sie die teilweise sehr groben Frässpuren nicht verbergen kann. Mit etwas Geduld läßt sich als Zubehör sicherlich noch ein 1953 eingeführtes Puteaux-Zielfernrohr des Typs APX L 806 auftreiben, dessen Montage in die Montageschiene links im Gehäuse greift.

Etwas befremdlich wirken die Schaftkappe aus dünnem Plastik sowie der beige/weiße Kunststoff-Überzug des Verschlußhebels. Hier hinterlassen schmauchbedeckte Finger zudem deutlich sichtbar ihre Spuren. Andererseits fühlt sich Kunststoff selbst bei Minus-Temperaturen im Unterschied zu Metallen noch immer warm an.

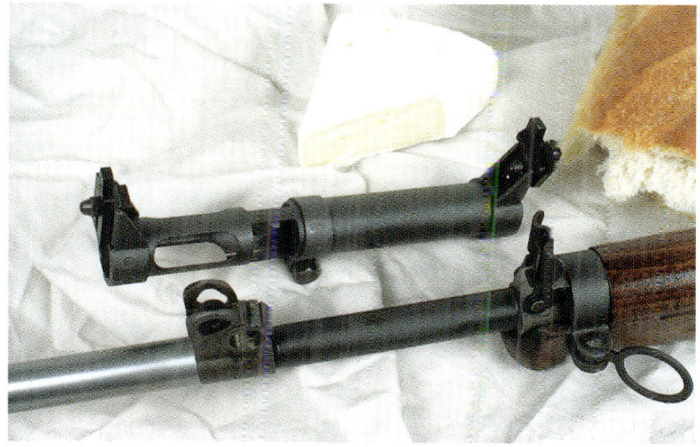

■ **_Das Nachtvisier läßt sich – dank KWKG-Hülse – nicht über den Feuerschein-Dämpfer schieben, dessen Aufgabe es gleichzeitig übernehmen sollte._**

Zum Zerlegen muß der Schütze ähnlich wie beim *SAFN 49* (siehe Seite 144) den Schieber hinten am Gehäuse nach unten drücken, die Verschlußabdeckung knapp drei Zentimeter nach vorn pressen und sie nach oben abheben. Doch Vorsicht: Die jetzt ungeführte Verschlußfeder schnappt wie ein Springteufel in irgendeine Richtung heraus. Deshalb sollte die zweite Hand besser schützend über dem Verschlußbereich schweben. Anschließend lassen sich Verschlußträger und Verschluß gemeinsam nach hinten ziehen und entnehmen. Auch der Schlagbolzen kann jetzt aus seiner Bahn gezogen werden. Jetzt ergibt sich reichlich Raum für Reinigungsarbeiten.

Stärken	**Schwächen**
• Günstiger Preis	• Recht grobe Verarbeitung
	• Mäßige Schußpräzision
	• Hohe Munitionskosten

Zudem kann ein großer Längsschlitz-Schraubendreher die Befestigungsschraube des Hinterschafts lösen. Mit dem gleichen Werkzeug weicht die Schraube, die hinter dem Abzugsbügel die Abzugsgruppe hält. An das Gasgestänge kommt der Putzlappen

■ **_Handlich und ziemlich rauh gearbeitet: Das MAS 49/56. Eine lange Metallhülse verdeckt Mündungsfeuer-Dämpfer und Laufringe._**

■ ***Die Konstrukteure des MAS 49/56 setzten auf einen Kippblock-Verschluß. Solide, starkwandige Metallteile prägen das Gesamtbild.***

nach Herausdrehen der Schraube am Vorderschaftring heran. Dazu benötigt der *MAS*-Besitzer ein Spezialwerkzeug mit zwei Zinken, das sich jedoch leicht aus einem größeren Schraubendreher zurechtfeilen läßt. Beim Zusammenbau der Verschlußmechanik muß eine Hand die Verschlußfeder führen, während die andere die Verschlußabdeckung samt der eingesetzten Führungsstange vorschiebt.

Zwar gibt der Magazinhalter rechts außen am Gehäuse optisch nicht viel her, erwies sich jedoch beim Laden auf dem Schießstand gegenüber den fummeligen, kleinen Knöpfen manch anderer Konstruktion als deutlich praktischer. Und der Sicherungshebel liegt in nicht feuerbereiter Position rechts neben dem Abzugszüngel, was zumindest ein Rechtshänder selbst im Dunkeln deutlich fühlt.

Im Anschlag erwies sich die Bohrung der Lochkimme als etwas zu groß. Möglicherweise dachten die Konstrukteure dabei an den schnell »geworfenen« Schuß auf kurze Distanz, bei dem die Übersicht erhalten bleiben soll. Zum Schießen auf Entfernungen ab 150 Meter wäre eine etwas kleinere Öffnung wünschenswert, alternativ kann der Schütze die Wange etwas weiter hinten auf dem Schaftrücken anlegen, bis die Kornschutzbacken den Rand des Ausschnitts gewissermaßen berühren.

Wie das kurze und damit wenig vorderlastige Gewehr schon beim Anschauen vermuten ließ, erhält der Schütze eines *MAS* einen heftigen Schlag in die Schulter. Denn die Kraft der 7,5 x 54 *MAS* läßt sich in etwa mit jener der .308 Win vergleichen, die normalerweise aus schwereren Waffen wie dem *M 14* verschossen wird. Die Trefferbilder von um die zehn Zentimeter bei fünf Schuß können einen Sportschützen nicht zufriedenstellen, weshalb das *MAS 49/56* eher den Sammler interessieren dürfte – daran ändert auch das Puteaux-ZF nichts, das die Streukreise sicherlich um wenige Zentimeter schrumpfen läßt.

ÖSTERREICH

Voere 2185/2185 Jagd/ 2185 Match/2185 Sporter

Die erste Begegnung mit dem *Voere 2185 Match* auf einem Schießstand in der Oberpfalz war beeindruckend: Fünf Schuß im Kaliber .308 Win lagen auf 100 Meter in einem Streukreis, der sich mit einem Zweimarkstück abdecken ließ – das kannte ich bis dahin nur von präzise schießenden Repetierern. Deshalb lagen die Erwartungen besonders hoch, als je eine Sport- und Jagdversion sich zum Test für dieses Buch stellten.

Beide Varianten beruhen auf dem System, das der von Voere angestellte Konstrukteur Nehemia Sirkis zu Beginn der 90er Jahre entwarf. Er arbeitete bereits für mehrere Waffenhersteller in Europa, den Vereinigten Staaten sowie in seiner Heimat Israel für die dortige Waffenschmiede *IMI (Israel Military Industries)*. Seine Konstruktion zielte bei Voere auf einen problemlosen Selbstlader für die Jagd ab, aber da das Gewehr eine sehr gute Schußleistung zeigte, folgte 1992 die Match-Ausführung.

Grundsätzlich beruht die Technik auf einer röhrenförmig ausgeführten Systemhülse sowie einem ebenfalls runden Verschlußträger, der über zwei Flachstahl-Stangen mit den Gaskolben in Verbindung steht. Der Drehriegel Verschluß verriegelt mit drei Warzen.

Die Gaszufuhr läßt sich durch das Abnehmen der Gasdruckschraube vorne an der Gasabnahme abdrehen, worauf das Gewehr von Schuß zu Schuß nur noch durch den Kammergriff nachzuladen ist. Damit steht Sportschützen gleichzeitig der Weg zu Disziplinen für Repetierer offen und der Waidmann kann selbst dort jagen, wo Halbautomaten tabu sind.

Mit einem Preis von jenseits der 7000 Mark ohne Optik und hauseigener Präzisionsmontage (etwa 540 Mark) ist das voluminöse, 5200 Gramm schwere *Match*-Gewehr jedoch sehr teuer. Deutlich preisgünstiger kommt auf den ersten Blick das rund 5000 Mark teure Model *Sporter*. System und Lauf entsprechen dem *Match*, allerdings bietet der Schichtholzschaft nicht die Möglichkeiten zum Verstellen der Schaftkappe und der

■ ***Die Match-Ausführung ist das Flaggschiff der 2185er-Reihe und kommt komplett mit Koffer, Flimmerband und Montagebasis. Die Abbildung zeigt die Waffe mit einem Prototypen-Schaft der Firma Zahner.***

Steckbrief:	2185 Jagd	2185 Match	2185 Sporter
• Hersteller:	Voere Kufstein/Österreich		
• Kaliber:	7 x 64 mm, .308 Win, .30-06 Sprg, .300 WinMag, 7 mm RemMag, .338 Lapua, 9,3 x 62 mm		
• System:	Gasdrucklader mit Drehriegel (drei Warzen)		
• Magazinkapazität:	5	5	5
• Lauflänge (mm):	510	510	510
• Gesamtlänge (mm):	1080	1110	1100
• Visierlänge (mm):	340	-	-
• Gewicht:	3700	5200	5100
• Preis 1999 ca. (DM/Euro)	2800,-/1430,-	7250,-/3700,- (mit Montagebasis, Flimmerband und Koffer)	4390,-/2240,-

Für die Schießtests stand die Jagdwaffe im Universal-Kaliber .30-06 Springfield sowie die *Match*-Ausführung in Drei-Null-Acht zur Verfügung. Verglichen mit den übrigen, momentan auf dem Markt angebotenen Jagd-Selbstladern *(Browning BAR II, Remington 7400*, siehe Seite 152 und Seite 118) entspricht die *2185* durch ihre durchgehende Nußbaum-Dreiviertelschäftung am ehesten der Vorstellung von einer konventionellen Jagdwaffe. Das Modell kommt ab Werk mit Wangenauflage. Auch die in den Vorderschaft eingesetzte UIT-Schiene fehlt und im Preis sind weder Koffer, Montagebasis noch Flimmerband des *Match*-Modells enthalten. Da sich das Gewehr sonst nicht von seinem »großen Bruder« unterscheidet, habe ich mich hier auf ihn beschränkt. Die 2800 Mark teure Jagdwaffe erscheint im Vergleich mit den beiden anderen Waffen geradezu billig. Alternativ können Dianas Jünger zu einem vollgeschäfteten *Stutzen* greifen, der knapp 3000 Mark kostet.

glänzend brünierten Metallteilen. Der mattschwarze, mit einer Strukturoberfläche versehenen Schichtholz-Matchschaft, kommt aus der Werkstatt des württembergischen Herstellers Zahner. Durch die offene Konstruktion des »Kolbens« fängt er einen Teil des Rückstoßes ab.

Zur insgesamt sehr guten und sauberen Verarbeitung der beiden Kufsteiner wollen allerdings die deutlichen Gußnähte der Kunststoff-Abzugsbügel nicht passen. So etwas sollte es bei

einer Waffe dieser Preisklasse eigentlich nicht geben. Weiter irritieren die lieblos ins Metall eingeschlagene Modellbezeichnung und Kaliberangabe.

Zwar erinnert der aufgeschraubte Abschlußknopf der Kammerbahn etwas an den eines Diana-Luftgewehrs, allerdings weckt vielleicht gerade das bei manchen Schützen die Erinnerung an spannende Erlebnisse in jungen Jahren. Etwas Mißfallen handelte sich hingegen der klappernde vordere Riemenbügel des Jagdgewehrs ein.

Der Spannhebel findet sich auf der rechten Systemseite, wobei das Durchladen ein sattes, weiches und damit sehr vertrauenerweckendes Geräusch verursacht, was den soliden Eindruck der *2185er* weiter verstärkt. Unter den weiteren Bedienelementen dient als Verschlußfang ein simpler, federnd gelagerter Stift, der sich direkt hinter dem Magazinboden bequem nach oben drücken läßt. Nach dem letzten Schuß bleibt der Verschluß nicht geöffnet. Direkt vor dem Verschlußfang findet sich der breite Magazinknopf, der selbst mit dickeren Handschuhen noch bequem zu bedienen ist. Der Sicherungsschieber läuft im *Garand*-Stil vorn durch den Kunststoff des Abzugsbügels und blockiert in seiner hinteren Position das gespannte Schlagstück oder verhindert das Spannen. Mit einem lauten »Klack« schlägt das Bedienelement mit Sicherheit Wild im Umkreis von mehreren hundert Metern in die Flucht. Ein herausstehender Stift im Abzugsbügel signalisiert, ob das Schlagstück unter Spannung steht.

■ Nehemia Sirkis konstruierte das Voere-Modell 2185.

Durch den vor der Verschlußhülse konisch zulaufenden Schaft ließ sich der Jagdschaft besonders fest in die Schulter ziehen. Zudem füllt der an der Fischhaut etwas nach außen gewölbte leichte Kaisergriff die Handflächen von Rechts- und Linkshändern gleichermaßen gut aus. Zum sportlichen Schießen besitzt der *Match*-Vorderschaft die notwendige Breite zum Auflegen auf den Sandsack. Außerdem erlaubt die eingesetzte UIT-Schiene das Montieren eines Zweibeins oder anderen Zubehörs.

Einwandfrei geeignet für das Zielen über die offene Visierung erwies sich die Visierung der jagdlichen *2185*. Ihre U-Kimme und das Perlkorn »fliegen« förmlich zusammen und lassen damit ein rasches Erfassen des Ziels zu. Eine feine Sache vor allem bei der Drückjagd. Durch das zusätzlich angeschraubte höhere Kimmenblatt wirkte die hintere Zielhilfe der *Voere* allerdings etwas zusammengeschustert. Immerhin ermöglicht die Konstruktion jedoch das Zielen ohne Optik trotz aufgesetzter ZF-Montage. Nur schade, daß das Einstellen der Kimme nur rein nach Gefühl funktioniert, da eine Klickverstellung fehlt. Alternativ zum Zielfernrohr liefern die Kufsteiner das *Match* mit dem bewährten *G 3*-Lochvisier (knapp 300 Mark) oder einem Diopter. Hinzu kommt der Austausch des Mündungsaufsatzes samt höherem Korn.

Voere-Chef Alfons Ruhland schickte die Testgewehre mit der hauseigenen Präzisionsmontage (500 bis 540 DM) sowie Swarovski-Zielfernrohren 6 x 42 und 3-12 x 56, wobei die weit vorn sitzende Kimme der Jagdwaffe im Unterschied zur *Remington 7400* und der *Browning BAR II* auch der großen Zeiss-Optiken

■ Voere lehnte sich bei der Formgebung seines Modell 2185 Jagd bewußt an klassische Jagdrepetierer an, u.a. in der sogenannten Schweinsrücken-Schäftung.

■ ***Die Spannmontage von Voere erlaubt das Abnehmen und Aufsetzen ohne Treffpunkt-Verlagerung.***

ausreichend Raum bietet. Die Montage erlaubt durch ihren Verriegelungshebel ein rasches Abnehmen und Aufsetzen des Zielfernrohrs, wobei sich der Treffpunkt nicht verändert. Wer eine andere Befestigung einsetzen möchte, kann über die ab Werk vorhandenen Bohrungen in der Systemhülse verschiedenste Modelle ohne die Hilfe eines Büchsenmachers verwenden.

Während des Testschießens zeigte der Druckpunktabzug der Jagd-*2185* einen lästigen, 1,2 Millimeter langen Kriechweg, bevor er bei einer Belastung mit recht kräftigen 2450 Gramm auslöste. Der Grund für den hohen Widerstand liegt hauptsächlich in den strengen US-amerikanischen Produkthaftungs-Bestimmungen, die schwergängige Abzüge als Sicherheitsmerkmal vorschreiben. Etwas besser schnitt der Abzug der *Match*-Variante ab, der den Schuß nach minimalem Kriechen bei akzeptablen 1950 Gramm zur Scheibe schickte. Zwar liegt im Abzugsbügel eine Verstellschraube für den Widerstand, die das Werk jedoch festsetzte. Denn es besteht die Gefahr, daß ein Schütze den Abzug zu leicht einstellt und die Waffe durch den Rückstoß dann doppelt oder es zu einer verklemmten Hülse kommt. Somit bleibt wiederum nur der Weg zur Fachwerkstatt, die den Abzug richtet.

Der Rückstoß der Jagdwaffe kam vergleichsweise hart an der Schulter an, was mit an dem recht kurzen Lauf liegt. Dagegen war die *Match*-Ausführung aufgrund des hohen Gewichts und des gefederten Schafts viel leichter zu beherrschen.

Eigentlich erwies sich die Matchwaffe als überflüssig; denn bereits das Jagdgewehr erzielte mit der Norma-Matchmunition ein Top-Ergebnis von hervorragenden und vor allem wiederholbaren 15 Millimetern. Das Ende der Skala bilden Federal-Patronen mit 69 Millimetern. Der wesentliche Unterschied lag beim getesteten .308er-Matchgewehr darin, daß es bessere Durchschnitts-Streukreise erzielte. Sie lagen mit allen Qualitäts-Patronen mit 168-Grains-Geschossen von Norma bis PMC zwischen 20 und 13 mm. Leichtere Projektile von 147 Grains quittierte das Gewehr mit größeren Trefferbildern um die 30 Millimeter. Die etwas bessere Leistung dürfte aus dem an der Mündung 25 Millimeter dicken Matchlauf resultieren, der mehr Wärme aufnehmen kann und sich dadurch langsamer erhitzt. Außerdem leitet seine größere Oberfläche die Temperatur schneller wieder an die Luft.

Stärken
- Hervorragende Schußleistung
- Solide Verarbeitung

Schwächen
- Hoher Preis
- Kriechender Abzug

Mit seiner Leistung gehört das Modell *2185* ohne Frage zur Formel 1 unter den Selbstladern, wobei die Jagdvariante derzeit ohne Konkurrenz dasteht und sich besonders im Kaliber 9,3 x 62 mm hervorragend zur Drückjagd eignet. Die exzellente Schußleistung rechtfertigt selbstverständlich auch den Einsatz als universelle Jagdwaffe, beispielsweise im Kaliber .30-06 Springfield. Und im Kreise der Sportgewehre braucht die *Match*-Ausführung lediglich die überarbeiteten Modelle des *Heckler & Koch SL 7* zu fürchten. Da das *2185 Sporter* in ähnlichen Preisregionen rangiert, steht es so gesehen zwischen beiden Fabrikaten unentschieden. Allerdings sind die *2185er* viel einfacher zu zerlegen und weisen einen erheblich geringeren Spannwiderstand auf. Wer sich also nicht unbedingt einen Rollenverschluß wünscht, ist mit den Waffen aus Tirol bestens bedient.

■ ***Ein Kunststoff-Bauteil trägt die Abzugseinheit und bildet den Magazinschacht. Die Sicherung ist wie beim Garand-Gewehr im Abzugsbügel untergebracht.***

TUNING

Liefert ein Repetiergewehr nicht die gewünschten engen Trefferbilder, dann steht für viele Schützen der weitere Weg fest: Der Schaft muß freigestochen werden, damit der Lauf frei schwingt, und das System sollte eine Kunstharzbettung erhalten – nur um zwei Beispiele zu nennen. Bei Selbstladern liegen die Dinge nach Ansicht vieler Schützen weitaus komplizierter. Schließlich ist vom Überarbeiten (engl. *Tuning)* großkalibriger Halbautomaten nur selten etwas in der deutschsprachigen Fachliteratur zu lesen. Anders sieht es beispielsweise in den USA aus, wo das Verbessern der Schußleistung von Gewehren wie *Garand, M 14, Mini-14* oder *AR-15* fast zum täglichen Brot der Büchsenmacher und etlicher, teilweise sehr begabter Hobby-Schrauber gehört.

Hierzulande beschränkt sich der Kreis bislang auf wenige Personen, die sich der Materie annehmen. Zu ihnen zählt der Stuttgarter Büchsenmachermeister **Claus Jarzombek**, der vor allem durch seine Umbauten der Heckler & Koch-Modelle *SL 6* und *SL 7* bekannt wurde. Allerdings ist das nur die Spitze des Eisbergs, weshalb er hier über die generellen Möglichkeiten schreibt.

Was bedeutet »Tuning«?

In erster Linie geht es dabei um das Verbessern der Schußpräzision. Jedoch können bereits davon unabhängige Arbeiten wie das Verbessern der Bedienelemente, allen voran des Abzugs, mehr Spaß mit der Waffe bringen. Liegt die Waffe nicht richtig im Anschlag, kann eine Änderung der Schäftung in Frage kommen. Und nicht zuletzt läßt sich häufig die Visierung verbessern, was oft auf das Austauschen oder das Anbringen einer Zielfernrohr-Montage hinausläuft. Übrigens: Wer sich nicht genau auskennt oder wenn es um Arbeiten an wesentlichen Teilen der Waffe geht, sollte beziehungsweise muß sich mit seinem Anliegen an den Büchsenmacher wenden.

Grundsätzlich lassen sich an Selbstladesystemen fast die gleichen Maßnahmen wie beim Repetierer oder Einzellader durchführen. In diesem Zusammenhang muß mit einem Vorurteil aufgeräumt werden: Häufig wird behauptet, daß Selbstlader naturgemäß viel schlechter schössen als die Hand-Lader – als ob es nicht auch unter letzteren weniger genau schießende Modelle gäbe.

Tatsächlich liegt die Ursache für größere Streukreise der Halbautomaten hauptsächlich in der schnelleren Schußfolge, zu der die Gewehre nun mal verführen. Verringert der Schütze die

■ ***Der Stuttgarter Büchsenmachermeister Claus Jarzombek erfüllt auch außergewöhnliche Kundenwünsche, wie sein ultrakurzes Heckler & Koch SL 6 beweist.***

Geschwindigkeit auf »Repetierer-Niveau«, sieht die Sache meist schon viel besser aus. Denn der Lauf kann in den Pausen immer etwas abkühlen und wird dadurch nicht so schnell heiß, was die Streuung vermindert. Kaum zu vermeiden ist jedoch der sogenannte *Bimetall-Effekt*. Er tritt auf, wenn sich der Lauf erwärmt, das mit ihm zwangsläufig verbundene Gassystem jedoch kühler bleibt. Ähnlich der Spirale eines Thermometers kommt es jetzt zwangsläufig zu mehr oder minder starken Spannungen. Hier haben Rückstoßlader wie die Rollenverschluß-Waffen von Heckler & Koch die Nase vorn, da sie einfach kein Gassystem haben.

Einen leichten Schwachpunkt in Sachen Schußgenauigkeit stellen auch die meist etwas weiter gearbeiteten Patronenlager dar. Allerdings stellt das größere Maß weitgehend sicher, daß leere Hülsen leicht ausgezogen werden können. Trotzdem kommt es durch einen zu hohen Widerstand gelegentlich zu abgerissenen Hülsenböden oder sogar gebrochenen Auszieherkrallen.

Wann macht *Tuning* wirklich Sinn?

Sinnvolles *Tuning* beginnt schon beim Überprüfen der Waffensubstanz. Denn ein ausgeschossener oder innen vom Rost angefressener Lauf läßt sich wie ein Motor mit gebrochenem Ventil nicht mehr zu Höchstleistungen ermuntern. Und ob eine selbst nur äußerlich ziemlich rostnarbige Waffe den Aufwand lohnt, ist ebenfalls fraglich.

Weiter hängen die möglichen Ergebnisse stark vom Waffentyp ab. So wird ein klappriges *AKM*-System wie beim *WUM-I* nie die Schußbilder eines *VZ 52/57* oder eines *Ljungman AG 42 B* erreichen. Weiter sollten bei wertvollen Sammlerwaffen wie dem *G 41 (W)* Eingriffe unterbleiben, die den Originalzustand der Waffe beeinträchtigen und deren Wert teilweise erheblich mindern. Ein kritischer Punkt ist zudem der Anscheins-Paragraph, sogar bei kleineren Reparaturen. Denn die vielleicht dem Waffenbesitzer vorliegende Ausnahmegenehmigung gilt nicht automatisch für den Büchsenmacher. Vielmehr muß man sich mit dem Gewehr – selbst für den Austausch einer schwer zugänglichen Feder – an einen Betrieb mit entsprechender Erlaubnis wenden. Hier gilt es den rechtlichen Begriff des *Überlassens* genau zu prüfen und zu beachten. Sonst verwandeln sich die meisten Büchsenmacher mit einer Anscheinswaffe in Händen bei Vollmond um Mitternacht zu irren Amokläufern, oder diese Vorschrift beweist einmal mehr den angehäuften Unsinn im Waffengesetz.

Möglichkeiten

Meist gilt die erste Verbesserungsmaßnahme dem **Abzug**, der idealerweise trocken bei geringem Widerstand auslösen sollte. Das Problem beim Halbautomaten liegt allerdings im schnellen Nachladen und der damit verbundenen Erschütterung des Abzugssystems. Genau genommen kann ein zu leicht eingestellter Abzug ohne Zutun des Schützen bereits durch den Ruck des nach vorn rasenden und mit einem mehr oder minder heftigen Schlag verriegelnden Verschlusses auslösen. Somit sind dem Verringern des Widerstands sicherheitstechnische Grenzen gesetzt. Als sicher können etwa 1500 Gramm aufwärts gelten. Machbar ist jedenfalls eine trockene oder annähern trockene Charakteristik, der Abzugs löst also ohne oder nach minimalem Kriechweg aus. Ein besseres Abzugsverhalten läßt sich häufig schon mit einem simplen Film teflonhaltigen Waffenfetts (wie Wolf-Teflon) auf den Gleitflächen erreichen. Alternativ ist Graphit einen Versuch wert, das es auch bei stark erhitzter Waffe nicht zerfließt.

Die wirksamste Maßnahme zum Verbessern der Schußleistung ist der Einbau eines dicken und vielleicht längeren **Matchlaufs,** wobei an Militärwaffen wieder die KWKG-Falle lauert. Durch seine größere Masse kann er viel mehr Wärme aufneh-

■ *Die beiden von Claus Jarzombek überarbeiteten SL 7 erhielten PSG-1-Läufe. Beim oberen Modell blieb die G 3-Visierung erhalten, die sogenannte* Bullpup-*Ausführung darunter ist ausschließlich zum Schießen mit Zielfernrohr gedacht. An beiden Waffen liegen die Läufe weitgehend frei, was eine rasche Kühlung ermöglicht.*

men, bevor er sich übermäßig erhitzt. Damit hält sich der Bimetall-Effekt in Grenzen. Zudem schwingt er weniger. Mit einem längeren Rohr läßt sich gleichzeitig das Korn weiter nach vorn setzen und damit die Visierlinie verlängern, außerdem verringert sich das oft lästige Mündungsfeuer oder bleibt ganz aus – das Pulver hat genügend Zeit, im Lauf zu verbrennen und verpufft nicht vor der Mündung.

Im Grunde könnte jedoch bereits ein normal dimensionierter Lauf zu besseren Leistungen führen, sofern er aus einer besseren Stahllegierung besteht (*.30 M 1 Carbine!*) und beim Hersteller durch und durch eine gleichmäßige Spannung erhielt. Denn häufig drehen einige Werke die Rohre beispielsweise zu schnell auf das gewünschte Maß herunter, was unter anderem beim *Ruger Mini-14* vorkommt. Dadurch entsteht außen eine starke Hitze, innen bleibt der Stahl jedoch kühler. Unnötig starke innere Spannungen sind die Folge, sofern der Hersteller das Rohr nicht erst nach dem Abdrehen anläßt (Wärmebehandlung bis zu 680 Grad Celsius bei hochwertigen Laufstählen).

Leider eignen sich nicht alle Selbstlader für einen Rohrwechsel bei vertretbaren Kosten. Denn etliche Modelle tragen die Aussparungen für die Riegelwarzen hinter dem Patronenlager direkt im Laufstahl. Und das Ausfräsen dieser Nuten würde bei einem neuen Rohr einen viel zu hohen Arbeitsaufwand und damit unverhältnismäßige hohe Kosten verursachen. Das gleiche gilt für Läufe mit Entlastungsrillen im Patronenlager wie beim *Tokarew* oder bei sämtlichen *G 3*-Ablegern. Letztere lassen sich höchstens ab Werk mit dem *PSG-1*-Matchlauf von Heckler & Koch ausstatten, da sie nicht geschraubt sondern ins Verschlußgehäuse gepreßt werden.

Verriegelt ein Verschluß jedoch außerhalb des Laufs, genügt ein dickes Rohr mit entsprechendem Anschlußgewinde und Gasbohrung. Unter anderem stehen serienmäßig Läufe für das *Mini-14* zur Verfügung. Bedingt durch den größeren Durchmesser muß dann jedoch meist der Gassockel angepaßt oder sogar neu gefertigt werden. Unter anderem eignen sich für diese Maßnahme Waffen mit Kippblock-Verschluß. Nebenbei bemerkt, besteht in diesem Rahmen außerdem die Möglichkeit des Kaliberwechsels, was unter anderem Oswald Kempf (siehe Dank, Seite 175) mit seiner Aptierung des *MAS 49/56* vom vergleichsweise seltenen Kaliber 7,5 mm MAS auf die gängige .308 Win oder die Konvertierung des *US-Carbine .30 M 1* von .30 Carbine auf die 9 mm Para zeigt.

Im Zusammenhang mit der Laufererwärmung muß auch der Schaft erwähnt werden. Denn mehr noch als beim Repetierer sollte das Rohr im Idealfall möglichst vollständig frei liegen, damit die Luft ständig daran vorbeistreicht und so die Hitze ableitet. Leider verbietet der Anscheins-Paragraph die meisten Lüftungsbohrungen oder -schlitze im Schaft, wodurch es schnell zum Wärmestau kommt – dann schmort der Lauf vor allem in einem engen Schaft wie das Hähnchen in der Bratröhre. Ein gutes Beispiel dafür ist das *SL 6/7*, bei dem lediglich ein etwa einen Millimeter breiter Spalt am vorderen Schaftabschluß einen Luftaustausch zuläßt.

Außerdem kann sich Holz bei Wärme verziehen und plötzlich den Lauf berühren. Prellschläge und eine größere Streuung sind die Folge. Entweder entfernt der Schütze den Handschutz oder läßt den Freiraum zwischen Lauf und Schaft erweitern. Sollte das nicht möglich sein, hilft nur ein entsprechend gestalteter, neuer Schaft. In diesem Fall sollte der Schaftrücken recht hoch liegen, damit der Rückstoß möglichst gerade in die Schulter gelenkt wird. Damit ergibt sich ein geringeres Drehmoment auf die Achse der Laufseele, wodurch die Waffe mehr in die Schulter schiebt als hochzuschlagen. Weiter vergrößert eine Schaftkappe aus Gummi gegenüber dem oft vorhandenen Stahlabschluß den Schießkomfort und die Konzentration des Schützen.

Möglicherweise entsteht eine Streuung auch durch schwach angezogene **Kreuzschrauben** (Systembefestigungs-Schrauben), die deshalb regelmäßig kontrolliert werden sollten. Und lockert sich durch die Erschütterungen im Schuß die Zielfernrohr-Montage, was unter anderem beim Gehäusedeckel des *Valmet Petra* passieren kann, dann ist es mit der Präzision ebenfalls vorbei. Löst sich eine Schraube häufiger, hilft ein Schraubensicherungs-Mittel.

Generell verschlechtern **zweiteilige Schäfte** die Schußpräzision, wenn der Vorderschaft am Lauf statt am Systemgehäuse befestigt ist. Je nach Belastung des Schafts wirkt ein anderer Druck auf den Lauf, was ein gleichmäßiges Schwingen von Schuß zu Schuß verhindert. Das kann bereits der Fall sein, wenn der Schütze den Schaft nach einem Schuß nur etwas weiter vorn oder hinten auf dem Sandsack auflegt. Dadurch wirken unterschiedliche Hebelkräfte. Zudem drückt die Frau oder der Mann am Abzug vielleicht noch den Hinterschaft stärker oder schwächer nach unten. Mit einem durchgehenden Schaft sieht die Situation schon besser aus, vor allem wenn die Befestigung ausschließlich am Gehäuse erfolgt.

Weiter kann eine beschädigte **Mündung** die Geschosse aus ihrer Bahn werfen. Falsches Reinigen kann eine Ursache davon sein, etwa wenn eine Reinigungskette schräg zur Mündung angesetzt wird und nun das Laufmaß im Mündungsbereich vergrößert. Ebenso verschlechtern Macken am Ende des Rohrs die Trefferleistung. Das Kürzen und des Laufs bringt zusammen mit sauberem Ansenken der Mündung oft erstaunlich gute Ergebnisse. Ein kritischer Punkt ist in diesem Bereich weiter der Mündungsfeuerdämpfer – und das in zweierlei Hinsicht. Zunächst verschlechtert jeder Dämpfer die Schußpräzision, da er Verwirbelungen an der Mündung verursacht. Und sie beeinflussen den

Flug des Projektils – mit gutem Grund tragen selbst militärische Scharfschützengewehre moderner Bauart keinen Mündungsvorsatz.

Jetzt *kann* das Ablöten des Teils und das Drehen einer sauberen Mündung den richtigen Schritt bedeuten. Andererseits beeinflußt das Abtrennen des Dämpfers möglicherweise das ab Werk berechnete Schwingungsverhalten des Laufs (wie beim ersten *SIG-Marti PE 90* oder dem *Hakim*) negativ. Unter anderem beim *M 14* führt außerdem das Abdecken des Dämpfers mit einer Hülse (Anscheins-Paragraph) zu ungünstigen Gaswirbeln, dem sich mittels Aufbohren des Dämpfers begegnen läßt. Am einfachsten wäre das Entfernen der Abdeckung – sieht das jedoch ein mißgünstiger Zeitgenosse, steht der Schütze schon so gut wie sicher vor dem Kadi.

Eine weitere, bedeutende Möglichkeit liegt in einer **Systembettung** im durchgehenden Schaft. Dabei wird das Holz im Bereich des Verschlußgehäuses beispielsweise mit Kunstharz ausgegossen, wodurch sich Spannungen des naturgemäß bei Wärme, Kälte oder Feuchtigkeit »arbeitenden« Holzes kaum noch auf das System übertragen können. Sitzt es jedoch einmal im Harz, sollte es wie beim *Garand* am besten dort bleiben. Denn möglicherweise reißt das Bett durch eine Drehbewegung während des Herausnehmens auf oder erweitert sich nach mehrmaligem Ein- und Ausschäften.

Möglichst eng sollte es beim **Verschlußabstand**, also bei der Entfernung des Stoßbodens zum Patronenlager zugehen. Besteht hier mit geladener Patrone zuviel Spiel, wirkt sich das ebenfalls auf die Schußpräzision aus. Für direkte Abhilfe sorgt nur ein enger passender Verschluß, der sich für die meisten Ordonnanzwaffen nur mit Glück auftreiben läßt. Außerdem gilt er in Deutschland als *wesentliches Teil,* weshalb sich der Waffenbesitzer bei der Suche einmal mehr auf seinen Büchsenmacher verlassen muß. Einfacher kann der Wiederlader das Manko mit entsprechend langen Hülsen beheben, bei denen einfach der Patronenboden näher an den Stoßboden rückt und so das Spiel verringert. Insgesamt ergibt nur sauber auf Stoßboden, Patronenlager, Übergangskonus und Laufmaß abgestimmte Munition gute Schießergebnisse. Zudem muß die Munition den zum Verschlußsystem passenden Impuls liefern. Doch das ist ein anderes Thema.

Wie bei Repetierern ist auch bei den Selbstladern jederzeit eine Änderung der **Visierung** möglich, wobei für verschiedene Schießsport-Disziplinen entsprechende Regeln bestehen (wie »nur Originalzustand« oder eine Begrenzung der Vergrößerung des Zielfernrohrs). Grundsätzlich sind Diopter oder Lochkimme die richtige Wahl für schwächersichtige Menschen oder Brillenträger, da sie hier statt drei Punkten (Kimmenausschnitt, Korn und Ziel) nur Korn und Ziel in Übereinstimmung bringen müssen. Den Randbereich der Kimmenbohrung nimmt der Schütze nur als Aura wahr. Selbstverständlich stellt das Zielfernrohr eine noch größere Hilfe dar.

Das Reinigen der Waffe

Ein ganz wesentlicher, jedoch häufig viel zu wenig beachteter Punkt zum Verbessern der Schußleistung ist das richtige Reinigen. Dazu gehört zunächst eine hochwertige Ausrüstung, die mit einem hochwertigen Putzstock beginnt. Dabei sind in erster Linie die nylonummantelten Federstahlstöcke des Herstellers Dewey zu nennen, die sich dank kugelgelagertem Griff beim Schieben durch den Lauf ohne zu verkanten mit den Zügen drehen – selbstverständlich muß der Stab dabei in einer Linie mit der Laufachse geführt werden. Dazu kommen die genau zum Kaliber passenden Phosphor-Bronzebürsten und die Messingspitzen des gleichen Unternehmens, die schließlich die flusenfreien Baumwoll-Läppchen halten. Sie nehmen später die Reinigungsmittel oder Waffenöl auf.

Grundsätzlich beginnt das Reinigen des Laufs mit dem mehrmaligen, kompletten Durchziehen eines kräftig mit einem Laufreiniger wie *Shooters Choice* getränkten Läppchens oder besser noch dem »Einweichen« in WD 40. Entweder wird es mittig auf die Spitze gespießt oder um den zylindrischen Teil gewickelt. Dann löst die Bronzebürste den groben Schmutz, in dem sie etwa zehnmal hin und her komplett bis über Mündung und Patronenlager hinaus durchgezogen wird. Etwa drei bis vier Läppchen wiederum mit Reiniger tränken und mit jedem das Rohr gründlich durchwischen. Es folgen ein paar weitere Tüchlein, bis kein Schmutz mehr darauf zu sehen ist. Sauber wird das Patronenlager mit einem Läppchen auf der entsprechend großen Bürste.

Normalerweise kommt man mit einem ammoniakfreien Reiniger aus. Denn Ammoniak bildet zusammen mit Luft und Wasser agressive Salze. Sie greifen Stahl und Brünierung an, weshalb ammoniakhaltige Mittel nur im Notfall zum Entfernen starker Tombakablagerungen in Frage kommen. Dabei sollte aus dem Lauf fließender Reiniger sofort mit einem Tuch aufgewischt werden, zudem darf nach dem Reinigen absolut kein Rückstand in der Waffe bleiben – sonst bildet sich garantiert Rost (übrigens können alle Substanzen mehr oder weniger giftig sein).

Wird nicht gleich geschossen, erhält die Laufseele über ein letztes Läppchen einen *feinen* Ölfilm zum Schutz gegen Rost. Dafür kommen jedoch nur Öle in Frage, die nicht verharzen, wie etwa *Ballistol, Napier Gun Oil,* oder am besten dem fürs Militär entwickelten *Break-Free CLP*. Vor dem Schießen läßt er sich mit etwas Laufreiniger leicht wieder entfernen, was allerdings kaum eine Verbesserung der Schußleistung bewirkt – die Aktion gibt dem Schützen eigentlich nur das Gefühl, wirklich perfekt zu arbeiten.

Restaurieren

Wie beim *Tuning* hat auch beim Restaurieren der Wert der Sammlerwaffe erste Priorität. Denn bereits das Reinigen des Schafts oder das neue Brünieren der Metallteile kann das Gewehr – jedenfalls in den Augen des anspruchsvollen Sammlers – in ein uninteressantes Stück verwandeln. So kommt eine neue Brünierung in aller Regel erst in Frage, wenn von der ursprünglichen Oberfläche nur noch etwa 30 Prozent erhalten sind oder Rostschäden bestehen. In jedem Fall sollte sich der Besitzer einer Waffe vor Beginn der Arbeiten von einem Fachmann beraten lassen, ob der Aufwand wirklich lohnt. Wer seine Waffe jedoch ausschließlich als Sportgerät betrachtet, kann die Holz- und Metallteile mit recht einfachen Mitteln überraschend gut renovieren. Hier eine Kurzanleitung:

Zunächst sollten alle Bauteile entsprechend dem Umfang der Arbeiten zerlegt werden, wobei man unbedingt nur mit dem wirklich passenden Werkzeug arbeiten darf. Sonst enden die Arbeiten mit manch einer vermurksten Schraube. Festsitzende Teile lösen sich gut mit Caramba.

Nachdem sämtliche Metallteile vom Schaft getrennt auf der Werkbank liegen, wird das Holz gut mit *Backofenreiniger* eingesprüht oder bestrichen. Ein mit *Essigwasser* getränkter Lappen nimmt den Reiniger schließlich zusammen mit dem aus dem Holz gelösten Fett auf. Nach etwa drei Behandlungen sollte sämtlicher Schmutz verschwunden sein.

Anschließend lassen sich Macken entfernen, bei denen das eingedrückte Holz noch vorhanden ist. Dazu ein *feuchtes Tuch* auf die betroffene Stelle legen und dieses mit einem auf *Baumwolle (heiß)* eingestellten *Bügeleiser* erhitzen. Der entstehende Dampf läßt das eingedrückte Holz aufquellen, bis die Delle ausgeglichen ist.

Nach diesen Schritten ist das Holz rauh und sollte mit *Schmirgelpapier* geglättet werden. Als erstes empfiehlt sich die 250er-Körnung, gefolgt von 500er; 1000er mit Öl schließt die Arbeit ab. Jetzt muß der Schaft noch nach Wunsch gebeizt und oder geölt werden. Die Anleitung dazu findet sich jeweils auf der Packung des verwendeten Produkts.

Dann geht es an das *Entfetten der Metallteile.* Dafür eignet sich unter anderem *Aceton* (gut lüften), wobei Benzin einige Öle am besten löst. *Flugrost* läßt sich gut mit feiner 000-Stahlwolle entfernen, worauf häufig kaum noch etwas von der Korrosion zu sehen ist. Aber bitte mit Feingefühl vorgehen, sonst fehlt neben dem Rost auch die Brünierung. Bleiben nach stärkerem Befall Närbchen oder tiefere Narben stehen, sollte eine Brünierung wie der anschließende Ölfilm vor neuem Rost schützen. Wer die Waffe wirklich nur sportlich nutzt, kann störende Reflexe auf dem Stahl übrigens durch *Glasperlenstrahlen* verhindern. Aber egal, ob glanz oder matt: Nach dem Zusammensetzen kann sich die Waffe jedenfalls bestimmt wieder auf jedem Schießstand sehen lassen.

■ Neben technischen Änderungen kann ein Selbstlader auch optisch aufgemöbelt werden. Diese schöne Jagdbüchse mit System des Ruger Mini-14 erhielt eine klassische Stutzenschäftung.

MUNITION

Wollte man alle aus Halbautomaten verschossenen Munitionsgrößen näher beschreiben, würde das den Rahmen dieses Buchs sprengen. Deshalb beschränkt sich **Peter Keller,** Munitionsexperte und erfahrener Wiederlader, in den folgenden Zeilen auf die wichtigsten militärischen Patronen:

8 x 57 IS

Die Entwicklung der deutschen 8 mm Patrone geht zurück in die 80er Jahre des 19. Jahrhunderts. Zunächst saß in der Infanteriepatrone (**I**) ein Geschoß mit einem Durchmesser von 8,08 mm. Zusammen mit der fanzösischen 8 mm Lebel und der .303 British war die 8 x 57 I für eine Treibladung aus sogenanntem *rauchlosen* oder Nitrozellulose-Pulver konstruiert. Anfang des Jahrhunderts zeigten Versuche ballistische Unzulänglichkeiten des 14,7 Gramm schweren Vollmantel-Rundkopfgeschosses auf, da

die Laufmaße bereits um 1894/95 von 7,90/8,10 mm auf 7,90/8,20 mm geändert wurden. In der Folge löste das auf 8,20 mm im Durchmesser vergrößerte 10,0 Gramm-Spitzgeschoss (**S**) das bisher verwendete Projektil ab, was neben einer deutlich verbesserten Präzision den Läufen eine längere Lebensdauer bescherte. Seit 1939 wird die Patrone gemäß dem damaligen Waffengesetz nach der Normalisierung als 8 x 57 IS bezeichnet.

In ganz Europa, aber besonders in Deutschland und in Österreich wird die 8 x 57 IS als Jagdpatrone sehr hoch geschätzt und rangiert in der Beliebtheitsskala ganz oben. Selbst in den USA, wo wahrlich kein Mangel an leistungsfähigen Büchsenpatronen herrscht, hat sie eine große Anhängerschaft gefunden und namhafte US-Munitionshersteller führen die im Land der unbegrenzten Möglichkeiten *8 mm Mauser* genannte Patrone in ihrem Programm. Auch unter den vielen Sportschützen genießt die 8 x 57 IS einen sehr guten Ruf. Zur Herstellung präziser Scheibenlaborierungen sind in erster Linie die Wiederlader gefragt. Brauchbare Komponenten, besonders Geschosse, stehen in ausreichendem Umfang zur Verfügung. Teilweise bietet auch die Munitionsindustrie Matchpatronen an.

■ ***Peter Keller***

7,62 x 54 R Mosin-Nagant

Zusammen mit dem *Repetiergewehr M 91* führten die Streitkräfte des Zarenreiches die Patrone 7,62 x 54 R im Jahr 1891 ein. Außerdem übernahmen bald die Armeen befreundeter und verbündeter Staaten die neue Munition. Die begrenzten Fertigungskapazitäten der russischen Waffenfabriken veranlaßte die

■ ***Klassische Ordonnanz- und Selbstlader-Patronen (von links): die deutsche 8 x 57 IS, die russischen 7,62 x 54 R und 7,62 x 39, die amerikanischen .30 Carbine (7,62 x 33), .30-06 Springfield (7,62 x 63), .308 Winchester (7,62 x 51) und .223 (5,56 x 45), sowie die schwedische 6,5 x 55 Mauser.***

Regierung, die Waffen außer Landes bauen zu lassen. Firmen wie Steyr, SIG, besonders aber Remington und Westinghouse in den USA fertigten Gewehre im Auftrag des Zaren. Allein die beiden US-Hersteller lieferten zwischen 1915 und 1917 mehr als eineinhalb Millionen Gewehre aus. Durch die Oktober-Revolution im November 1917 wurden die Kontrakte gelöst und die bereits fertigen Waffen in den USA mangels eigener militärischer Verwendungsmöglichkeiten als Überbestände auf dem zivilen Markt verkauft. Somit erlangte gleichzeitig die »neue« Patrone einen gewissen Bekanntheitsgrad in der Neuen Welt.

Die 7,62 x 54 R überdauerte das Zarenreich, beide Weltkriege und die Zeit des Eisernen Vorhangs in den Diensten der Militärs und füttert noch heute Maschinenwaffen und Scharfschützengewehre in den früheren Ostblockstaaten.

Eine große Karriere als Jagdpatrone blieb der 7,62 x 54 R verwehrt, da ihre zivile Verwendung nicht immer und überall gestattet war und spezielle Jagdwaffen in diesem Kaliber nie gefertigt wurden. Als Sportpatrone sah man sie bis zur Einführung der KK-Waffen und Patronen vorwiegend in den Gewehren der finnischen und sowjetischen Biathleten. Die nordeuropäischen Hersteller fertigen noch immer erstklassige Patronen. Immer wieder bietet der Handel auch ursprünglich für den militärischen Gebrauch gefertigte Lose zu relativ günstigen Preisen an, die aber kaum an die Präzision der teureren Neufertigungen heranreichen. Für den Wiederlader bietet die 7,62 x 54 R ein reiches Betätigungsfeld. Die Geschosse im Diameter .308 bietet jeder Hersteller in allen möglichen Formen und Gewichten an. Somit dürfte es kaum größere Schwierigkeiten bereiten, eine passende Laborierung zu finden.

7,62 x 39 mm (Kalaschnikow)

Die Entwicklung der Mittelpatrone 7,62 x 39 mm lief mehr oder weniger parallel mit der 8 x 33 mm Polte, die unter anderem im deutschen *Sturmgewehr 44* eingesetzt wurde. Bereits zu Kriegsbeginn kam man auf beiden Seiten zu der Erkenntnis, daß eine Patrone mit geringerer Reichweite für die Infanterie eigentlich völlig ausreichend wäre. Hinzu kamen handfeste Vorteile: Geringerer Rückstoß, reduziertes Munitions- und Waffengewicht und Materialeinsparung bei der Herstellung. Den Durchbruch schaffte die kleine Russenpatrone alias *M 43* mit der Einführung des *SKS*-Selbstladers. Weltweit verbreitete sie sich nach der Übernahme des *Kalaschnikow*-Sturmgewehrs durch viele Armeen auch außerhalb des sowjetischen Imperiums. Deshalb wird die 7,62 x 39 mm häufig als *Kalaschnikow-Patrone* bezeichnet.

Während in den ehemaligen Ostblockstaaten die 7,62 x 39 mm auch gerne zu jagdlichen Zwecken, sei es nun legal oder illegal, verwendet wird, spielt sie diesbezüglich im westlichen Europa nur eine unbedeutende Rolle. Das liegt sicherlich mit an der sehr geringen Auswahl zivil gefertigter Waffen für die M 43. Die Leistung der russischen Kurzpatrone ist auf jeden Fall für die Jagd auf Rehwild ausreichend. In den USA wird sie sogar auf größeres Wild wie *Whitetail-Deer* (Weißwedelhirsch), *Mule-Deer* (Maultierhirsch) und *Pronghorns* (Gabelbock, auch als *Antelope* bezeichnet) sowie auf Raubwild sehr gerne geführt. Als Sportpatrone tritt die 7,62 x 39 kaum in Erscheinung, lediglich die diversen Disziplinen von Verbänden wie BDS oder BDMP lassen die in der Bundesrepublik erhältlichen Gewehre zu.

An Patronen herrscht keinerlei Mangel. US-amerikanische Hersteller sowie Fabriken aus Nord- und Mitteleuropa führen die M 43 in ziviler Ausführung im Programm. Darüber hinaus bietet der Handel auch häufig sogenannte *Surplus*-Ware aus militärischen Überbeständen preiswert an, wobei Schützen der Munition eine geringere Qualität und damit Präzision zugestehen müssen. Den Wiederlader stellt die 7,62 x 39 mm vor keine größeren Probleme. Mit offensiven Büchsenpulvern und der enormen Geschossauswahl im 30er Kaliber läßt sich eine brauchbare Laborierung meist relativ schnell finden.

.30 M 1 Carbine (7,62 x 33 mm)

1941 führte die US-Army einen kurzen, leichten Karabiner samt neuer Patrone ein. Beide erhielten den gleichen Namen: *.30 M1 Carbine*. Damit rüstete das *US Ordnance Corps* unter anderem Truppenoffiziere, Pioniereinheiten, Panzerbesatzungen und Artilleriepersonal mit einem führigen Kurzgewehr aus, das bei diesen Soldaten die .45er Pistole *Colt Government M 1911 A 1* ersetzen sollte. Von der Idee bis zur Umsetzung dauerte es weniger als ein Jahr.

Die ballistische Leistung der neuen Patrone war zwar auch für damalige Verhältnisse nicht gerade atemberaubend, aber auf Entfernungen zwischen 50 und 100 Metern der Pistolenpatrone .45 ACP deutlich überlegen; denn das 110 Grains/7,1 Gramm schwere Geschoss wurde auf rund 600 Meter pro Sekunde beschleunigt. Einen weiteren Vorteil sah man in der Tatsache, daß die Patrone erheblich weniger wog als die 45er und die .30-06, was es dem einzelnen Soldaten ermöglichte, mehr Munition mitzuführen. Allerdings konnten sich Waffe und Patrone nicht gegen die Kombination *Garand* plus *Colt 1911* durchsetzen. Daher musterte man sie Anfang der 60er Jahre aus. Die meisten von ihnen gelangten anschließend in privaten Besitz.

Weder jagdlich noch sportlich gelang dem *.30 M1 Carbine* der große Durchbruch. Dies liegt einerseits daran, daß der jagdliche Einsatzbereich doch sehr eingeschränkt ist und andererseits die Präzision von Waffe und Munition nicht befriedigend ist. Trotzdem führen alle namhaften Munitionshersteller in den USA die Patrone .30 M 1 im Programm und auch in Europa wird sie teilweise noch hergestellt. *Surplus*-Ware gibt es dagegen, wenn überhaupt noch, nur in kleineren Mengen. Zum Wiederladen eignet sich die Patrone sehr gut. Die Geschoßauswahl ist jedoch nicht so groß wie für die anderen .30er Patronen, da nur die leichten Rundkopfgeschosse in Frage kommen. Als Treibladungsmittel werden langsame Pistolenpulver und die ganz schnellen Büchsenpulver eingesetzt.

.30-06 Springfield (7,62 x 63 mm)

Das US-Militär führte 1906 offiziell die neue Patrone unter der Bezeichnung *Ball Cartridge, Caliber .30, Model of 1906* ein. Sie war die erste randlose Patrone in der Geschichte der US-Streitkräfte. Das bis heute in den Vereinigten Staaten sehr beliebte *Springfield M 1903* Repetiergewehr wurde als erste Waffe für dieses Kaliber eingerichtet. Zunächst versuchte man mit 220 Grains (14,2 Gramm) schweren Geschossen brauchbare Leistungen zu erzielen. Als jedoch bekannt wurde, daß die neue deutsche Dienstpatrone 8 x 57 IS mit einem lediglich 10,0 Gramm schweren Spitzgeschoß beeindruckende ballistische Leistungen erbrachte, wurde die .30-06 schließlich mit einem 150 Grains (9,7 Gramm) Vollmantel-Spitz-Geschoss ausgestattet. Umfangreiche Versuchsreihen überzeugten dann auch die letzten Skeptiker und erwirkten schließlich die Übernahme der neuen Waffen/Patronen-Kombination durch die Regierung. Danach stand die .30-06 Springfield fast 50 Jahre im Dienst des US-Militärs, bis sie schließlich der 7,62 x 51 mm NATO (.308 Win) weichen mußte.

Die .30-06 stellte eindrucksvoll unter Beweis, daß das Ende einer militärischen Karriere nicht gleichbedeutend mit einem Bruch im zivilen Verwendungsbereich sein muß. In den USA erlangte sie kurz nach ihrer Indienststellung durch die US-Army auch bei den Jägern und Sportschützen große Beliebtheit – schließlich muß das von den anspruchsvollen Truppen eingesetzte Material genauso für den privaten Einsatz taugen, so die Überlegung. Bereits in den 30er Jahren kannte und schätzte man sie auch in Europa und in Afrika. Noch heute gilt die .30-06 als eine der universellsten Jagdpatronen. Im sportlichen Bereich wird sie allerdings mehr und mehr in den Hintergrund gedrängt. Nur noch selten tauchen bei Wettkämpfen Waffen in diesem Kaliber auf, ausgenommen die Ordonnanzgewehr-Konkurrenzen.

Die Munitionsindustrie diesseits und jenseits des großen Teichs hält eine enorme Menge unterschiedlicher Laborierungen bereit. Vom superschnellen 110 Grains Varmintgeschoß über die mittleren Universal- und Matchgeschosse bis zum 220 Grains wiegenden Jagdprojektil für schweres Wild findet sich sowohl als fertige Patrone als auch im Wiederladebereich eigentlich alles. Überbestände von Behörden werden auf dem Zivilmarkt in jüngster Zeit wenigerangeboten.

.308 Winchester (7,62 x 51 mm NATO)

Bereits kurz nach Ende des I. Weltkrieges begann das *US-Ordnance Corps* mit der Suche nach einem Ersatz für die .30-06 Springfield. Im Jahr 1944 begannen schließlich die Ingenieure des *Frankfort Arsenals,* mit der Hülse der .300 Savage zu experimentieren. Diese Patrone, mit ihrer um 12 Millimeter kürzeren Hülse, kam fast an die ballistischen Daten der bisherigen Ordonnanzpatrone heran. Nach umfangreichen Tests wurde sie mit der Bezeichnung *T65E3* schließlich am 15. Dezember 1953 als sogenannter NATO-Standard übernommen, obwohl bis zu diesem Zeitpunkt noch keine brauchbare Waffe dafür vorhanden war – abgesehen vom *FN FAL,* das sich jedoch noch immer im Versuchsstadium befand. Erst 1957 wurden das *M 14*-Gewehr und das *M 60*-Maschinengewehr eingeführt.

Kurioserweise brachte die Firma Winchester 1952 und damit fünf Jahre früher die genau identische Patrone als .308 Winchester auf den Markt und ließ die neue Patrone mit Hilfe einer geschickten Werbekampagne ihren Siegeszug antreten. Anfang der 60er Jahre führten sie sämtlichen NATO-Mitgliedsstaaten als Ordonnanzpatrone. Viele Armeen, auch außerhalb des nordatlantischen Bündnisses, übernahmen ebenfalls die 7,62 x 51 mm. Dadurch unterstützt, erlangte sie auch als Zivilpatrone in den Händen von Jägern und Sportschützen nahezu weltweites Ansehen. Nach dem heutigen Kenntnisstand trifft ohne Zweifel die Feststellung den Nagel auf den Kopf, daß die .308 Win die universellste unter den Universalpatronen ist.

Als Jagdpatrone auf nahezu alles europäische Wild genießt sie einen ausgezeichneten Ruf. Als Sportpatrone konnte sie unzählige Wettkämpfe für sich entscheiden und selbst im Zeitalter der *High Tech*-Patronen greifen viele Sportschützen auf die Drei-Null-Acht zurück. Das gilt besonders, wenn ungünstiges Wetter herrscht und das »zuverlässige Arbeitstier« die besseren Erfolgsaussichten gegenüber den sich oftmals mimosenhaft benehmenden Spezialkalibern beschert. Die Munitionsindustrie bietet .308-Patronen in beispielloser Vielfalt und Auswahl an. Ob als Jagd oder Sportpatrone, jeder findet im Angebot mit Sicherheit die für seine Zwecke passende Munition. Unter den Wiederladern ist die unkomplizierte NATO-Patrone ebenfalls sehr beliebt. Selbst Anfänger dieses schönen Hobbys kommen problemlos mit ihr zurecht.

Die schon fast unüberschaubare Geschoßpalette im Kaliber .30 lädt förmlich zum Probieren ein und kaum eine andere Patrone reagiert so unproblematisch auf verschiedene Pulversorten.

.223 Remington (5,56 x 45 mm NATO)

Obwohl das US-Militär gerade erst mit der 7,62 NATO (.308 Win) eine neue Patrone eingeführt hatte, riefen die Verantwortlichen schon in den 50er Jahren nach weiterer Modernisierung. Eine leistungsfähige, kleinkalibrige Patrone und ein neues Sturmgewehr, leicht und handlich, war die Wunschvorstellung. Die 1950 auf den Markt gekommene .222 Remington erschien als etwas zu schwachbrüstig, die leistungsgesteigerte Variante .222 Remington Magnum war für das System der vorhandenen Erprobungswaffe zu lang. Als die »goldene Mitte« entstand die .223 Remington, die 1964 als *5,56 mm Ball Cartridge M 193* von den US-Streitkräften übernommen wurde.

Zunächst setzte das Militär auf ein 55 Grains/3,56 Gramm schweres Vollmantel-Spitzgeschoss. Neuere ballistische Erkenntnisse und lange Testreihen führten zu dem Schluß, daß ein schwereres Projektil in Verbindung mit einem kürzeren Drall des Laufes für militärische Zwecke die bessere Lösung darstellt. Fast alle Länder, in denen die 5,56 x 45 mm im militärischen Einsatz steht, verwenden heute Patronen mit Geschoßgewichten zwischen 4,0 und 4,5 Gramm (62 bis 69 grs). Auch im zivilen Bereich hat diese Entwicklung ihre Spuren hinterlassen. So bietet die Industrie inzwischen 223er-Waffen in unterschiedlichen Drallängen an, je nach vom Kunden bevorzugten Geschoßgewicht.

In ihrem Mutterland USA ist die .223 Remington wie alle .22er Patronen für die Jagd auf Schalenwild nicht zugelassen. Als reine Raubzeug- und Sportpatrone erfreut sie sich aber allergrößter Beliebtheit und hat unter anderem ihren Ahnen, die .222. Remington, in die zweite Reihe zurückgedrängt. Hierzulande ist genau das Gegenteil der Fall, denn die .222 Remington entwickelt sich immer mehr zu einer europäischen Patrone, worunter die größere Schwester leidet. Dabei ist die .223 Remington keineswegs unpräziser, empfindlicher oder in ihrer Wirkung zu brutal wie vielfach, sogar von manchen Büchsenmachern, behauptet wird. Die europäische Munitionsindustrie behandelt die .223 Remington deshalb größtenteils immer noch sehr stiefmütterlich. Während die .222 Remington mit vielerlei Geschossarten angeboten wird, findet sich teilweise nur eine .223-Laborierung im Sortiment. Bei der immer wieder zu günstigen Preisen angebotenen *Surplus*-Munition sollten Interessenten unbedingt auf das Geschoßgewicht achten, sonst gibt es mit der möglicherweise unpassenden Drallänge auf dem Schießstand eine böse Überraschung mit Trefferbildern wie aus der Gießkanne. Der Wiederlader findet in der .223 Remington eine dankbare Patrone. Schon wegen der verfügbaren Geschoßvielfalt bereitet es keine Probleme, eine feine Matchpatrone oder eine jagdliche Laborierung preisgünstig selbst anzufertigen.

6,5 x 55 mm Schwedisch Mauser

Im Jahr 1892 entschloß sich das schwedische Kriegsministerium, ein modernes Repetiergewehr anzuschaffen. Von den drei Wettbewerbern, Mauser, Mannlicher und Krag-Jörgensen, wurde nach umfangreichen Truppenversuchen der Mauser-Karabiner im Kaliber 6,5 x 55 mm favorisiert und 1894 unter der Bezeichnung *m/94* eingeführt. Kurz darauf übernahm auch Norwegen die neue Patrone für das *Krag-Jörgensen*-Gewehr. Die militärische Nutzung war der Grundstock für eine erfolgreiche, zivile Verwendung, wie für viele andere Patronen auch. Bis heute erfreut sich die 6,5 x 55 mm besonders in Skandinavien sowohl für jagdliche als auch sportliche Zwecke allergrößter Beliebtheit. Anfang der 80er Jahre wurden große Mengen Gewehre und Karabiner vom schwedischen Militär ausgemustert und besonders im deutschsprachigen Raum und in den Vereinigten Staaten an Jäger und Sportschützen verkauft. Dadurch erlebte die »Schwedenpatrone« ihre Renaissance und findet sich heute in den Kaliberpaletten nahezu aller bedeutenden Waffenhersteller. Besonders die Sportschützen sind von der 6,5 x 55 überzeugt, denn hohe Eigenpräzision, gestreckte Flugbahn und relativ milder Rückstoß sind in diesen Kreisen hochgeschätzt – und die »kleine« Mauserpatrone erfüllt hier alle Wünsche.

Besonders die Munitionshersteller im Norden Europas halten »Ihrer« Patrone die Treue. Von der reinen Sportpatrone bis zur Jagdpatrone mit schwerem Spezialgeschoss ist alles im Angebot vertreten. Die anderen Munitionsfabriken in Europa und Übersee bieten zwar ebenfalls die eine oder andere Laborierung an, überlassen dieses Feld aber weitestgehend den Nordlichtern. Erfreulich für die vielen Besitzer von Schwedenmausern: Häufig wird Munition aus Rest- oder Überbeständen des Militärs preisgünstig angeboten. Diese Patronen sind im Unterschied zu anderen Kalibern zumeist von überdurchschnittlicher Qualität und erreichen teilweise Match-Standard. Auch für den Wiederlader sind Geschosse aus Überproduktionen für Behördenzwecke oftmals billigst erreichbar, auch dabei handelt es sich um sehr gute Ware.

ANHANG

Kleines Lexikon der Fachbegriffe

Bodenstück
Hinterer Abschluß eines Gewehrsystems

Brünierung
Eine Art Edelrost, der die Oberfläche von Metallteilen weitgehend vor Korrosion schützt.

Bullpup
Der Begriff kommt aus dem Englischen, hat nichts mit pupsen zu tun und bedeutet übersetzt »Bullenkalb«. Damit charakterisiert er das kurze, kompakte Erscheinungsbild der so gebauten Gewehre. Im Unterschied zu herkömmlichen Waffen liegt das Verschlußgehäuse nicht vor, sondern hinter dem Abzug. Damit erreichen *Bullpups* trotz normalen Lauflängen äußerst kurze Gesamtmaße von oft deutlich unter einem Meter.

Drückjagd
Jagdtechnik, bei der Treiber Schalenwild wie Schwarz-, Rot- oder Rehwild auf die Stände der Jäger zutreiben.

Gaskolben
Der Teil des Gassystems, der ähnlich wie beim Kolben im Automotor direkt von den heißen Gasen zurückgeworfen wird.

Gassockel
Die Abnahmestelle über der Bohrung im Lauf, welche die Gase auf den richtigen Weg lenkt und eventuell noch den Gaszylinder aufnimmt. Häufig sitzt auf dem Gassockel das Korn der Zieleinrichtung.

Gasstange
Sie überträgt den Schwung des Gaskolbens auf den Verschlußträger.

Gaszylinder
In ihm läuft wiederum vergleichbar mit dem Automotor der Gaskolben

Gürtelpatrone
Sie besitzt über dem Boden eine Erhöhung, mit der sich die Patrone im hinteren Bereich des Patronenlagers abstützt.

In-line
Die Laufachse weist in der Verlängerung genau auf die Schulter. Dadurch überträgt sich der Rückstoß geradlinig auf die Schulter, wogegen sie bei höher liegenden Rohren gewissermaßen zur Achse wird, um die sich der Lauf nach oben dreht.

Karabiner
Gewehr mit kurzer Baulänge, wie das *SKS* oder das *SG 551*.

Kombiabzug
Der auch als Rückstecher bezeichnete Abzug funktioniert zum einen wie ein normaler Direkt- oder Flintenabzug. Drückt der Schütze das Züngel vor dem Schuß jedoch nach vorn, löst es je nach Ausführung bereits bei nur wenigen 100 Gramm aus.

Kriegswaffe
Im Handfeuerwaffenbereich ist damit meist ein automatisches Gewehr oder eine Maschinenpistole gemeint.

Long-Stroke-System
Gassystem, bei dem der Gaskolben die gleiche Strecke wie der Verschlußträger zurücklegt. Dazu zählen unter anderem die *Garand*- und *Kalaschnikow*-Konstruktionen.

Phosphatierung
Die auch als **Parkerisierung** bezeichnete Oberflächen-Veredelung soll wie eine Brünierung vor Rost schützen. Zunächst erhält das blanke Metall eine Beschichtung mit Phosphat als Träger. Darauf kommen die Waffenteile in ein Bad mit einer (tm) /Farbpigment-Mischung, die schließlich »eingekocht« wird.

Piston
Englische Bezeichnung für Gaskolben.

Repetierer
Mehrschüssiges Gewehr, das meist über einen Kammergriff zum manuellen Nachladen von Patronen aus einem Magazin verfügt (franz. *répéter* = wiederholen).

Rückstecher
siehe Kombiabzug.

Schnellfeuergewehr
Gewehr mit Reihenfeuer-Funktion.

Short-Stroke-System
Der Gaskolben legt einen kürzeren Weg als der Verschlußträger zurück. Meist schubst die Gasstange den Verschlußträger nur an, der dann seinen Weg alleine fortsetzt. Zu den entsprechenden Waffen zählen beispielsweise das *Tokarew* oder der *.30 M 1 Carbine,* dessen Gaskolben nur etwa acht Millimeter zurückläuft. Gelegentlich wird um die Definition der Begriffe *Long-* und *Short-Stroke* heftig diskutiert, jedoch lassen sich die Techniken wie hier beschrieben am sichersten abgrenzen.

Stecher
Da der Schütze nach einem Schuß zum Erzielen des niedrigen Widerstands erst erneut einstechen muß, liegt bis dahin der normale Abzugswiderstand an und es kann zu keiner Fehlfunktion der Waffe kommen.

Stößel
Synonym für Gaskolben.

Sturmgewehr
siehe Schnellfeuergewehr.

UIT
Union Internationale de Tir (= Internationale Schießsport Union) – Internationaler Schießsportverband, inzwischen in *ISSF (International Sport Shooting Federation = Internationaler Verband für Sportschießen)* umbenannt.

Verbotener Gegenstand
Die verbotenen Gegenstände sind ausführlich in Paragraph 37 des deutschen Waffengesetzes definiert (siehe auch Seite 10). Dazu gehören unter anderem Anscheinswaffen, Schlagringe oder Stockdegen, die äußerlich einen anderen, ungefährlichen Gegenstand vortäuschen.

Verschlußträger
Er führt den Verschluß und enthält meist die Steuerkurve.

Vollautomat
Umgangsspachlicher Begriff für eine Reihenfeuer schießende Waffe.

Weaver-Schiene
21 Millimeter breite Prismenschiene zur Aufnahme entsprechender Montagen von Zielfernrohren und anderen Visierungen.

Wundhammer-Effekt
Auswölbung auf der rechten oder linken Seite des Pistolengriffs eines Gewehrschafts. Sie füllt die Handfläche besser aus als ein ebenes Handteil. Der Begriff stammt von dem deutschen Büchsenmacher Ludwig Wundhammer, der sich in den Vereinigten Staaten maßgeblich an der Entwicklung dieser Grifform beteiligte.

Anschriften von Schießsport-Verbänden

Hebt die Standaufsicht mit hochgezogenen Augenbrauen den mahnenden Zeigefinger und erteilt streng die Anordnung: »Aber nur eine Patrone laden!«, so ist der Selbstlader-Schütze am falschen Platz. Glücklicherweise nahmen sich einige Schießsport-Verbände den Halbautomaten-Freunden an und bieten ihnen spezielle Disziplinen, welche die Möglichkeit rascher Schußfolgen berücksichtigen. Die besonders spannenden Wettbewerbe verlangen vom Schützen neben Zielsicherheit auch ein gutes Gefühl für das richtige »*Timing*«. Hier die drei wichtigsten Anschriften in Deutschland:

Bund Deutscher Sportschützen (BDS)
Eichener Chaussee 3, 16356 Eiche, (030) 9 94 99 10-0, Fax -1

Bund der Militär- und Polizeischützen (BDMP)
Hartbortweg 23, 33102 Paderborn, (05251) 3 74 57

Verband Praktisches Schießen (VPS)
Bernd Faber, Am Stockborn 8, 60439 Frankfurt, (069) 58 54 57

Dank

möchte ich allen unten genannten Firmen und Privatpersonen aussprechen, die mir beim Erstellen dieses Buchs mit teilweise sehr wertvollen Leihgaben oder ihrem Rat in technischen und historischen Dingen geholfen haben:

Peter Beitler
Martin Benz
BW Sport Vertrieb, Ratingen (FN Browning)
Peter M. Busch, Höchheim 0931 - 4 84 69 (Speger, Remington M 81)
Michael Engelhard
Frankonia, Stuttgart, 0711 - 2 37 60 10 (Heckler & Koch SL 6/7, Ruger, Marlin, Ordonnanzgewehre)
Firma A.C. Göggel, Sigmaringen, 07571-4603 (Valmet Petra, Heckler & Koch 41)
Heckler & Koch, Oberndorf (SL 8)
Bert Herrmann
Claus Jarzombek, Stuttgart, 0711 - 47 31 67 (Tuning von Heckler & Koch-Gewehren, Bullpup-Modelle, Ordonnanzwaffen)
Ralf Jüngling
Firma Heinz Henke, Werlte, 05951 - 9 59 90 (Leupold-Zielfernrohre, B-Square-Montagen)
Firma Helmut Hofmann, Mellrichstadt, 09776 - 60 60 (PMC-Munition)
Andreas Horn
Walter Hoß
Hans Huber
Franz Jäger
Michail Timofejewitsch Kalaschnikow
Peter Keller
Oswald Kempf, Ergolding, 0871 - 7 78 33 (SIG-Gewehre, Ordonnanzwaffen)
Dieter Keppeler
Klaus-Peter Kranz
Sylvia Kramer
Klaus-Peter Kranz
Ruben Kürzdörfer
Heinz-Dieter Kupsch
Michael Linner
Yorick Lobodzinski
David Th. Schiller
Matthias Schön
Saxonia, Schwarzenberg, 03774 - 1 20 80 (Saxonia Hail)
Bernd Schulze-Struchtrup, Witten, 02302 - 69 70 22 (SLG 94, FPK-Zielfernrohre)
Waffen Schumacher, Krefeld, 02151 - 93 32 96 (Molot Vepr)
SEK Baden Württemberg
Sportarms, Waldbronn, 07243 - 6 34 41 (Garand)
Reinhard Starck
Horst Trigatti, Würzburg, 0931 - 1 81 76 (Remington)
Transarms, Worms, 06247 - 10 32 (Olympic Arms AR-15, SLG 97, Samson-Munition)
Voere, Kufstein, (0043) 5372 - 6 25 47 13 (Voere 2185)
Annette Walter-Kilian
Erich Weissert
Rainer Würtele

Weiter bedanke ich mich bei denjenigen, die mir – teils kräftig – unter die Arme griffen, jedoch nicht genannt werden wollen.

Zum Schluß bleibt mir nur noch, dem Leser viel Freude mit den Selbstladern zu wünschen. Sie sind einfach etwas Besonderes...

Frank Weissert

Waffen-Technik im Detail

Rainer Emde
Pistolen und Revolver in Stainless
320 Seiten, 502 Bilder,
davon 40 in Farbe
Bestell-Nr. 01960 **DM 78,–**

Klaus-Peter König
Faustfeuerwaffen heute
300 Seiten, 443 Bilder,
48 Zeichnungen
Bestell-Nr. 01791 **DM 78,–**

Klaus-Peter König
Gewehre, Flinten und automatische Waffen im Detail
328 Seiten, 553 Bilder
Bestell-Nr. 01004 **DM 69,–**

Schwab/Krappmann
Praktisches Pistolenschießen
288 Seiten,
204 Farbbilder,
20 Zeichnungen
Bestell-Nr. 01901
DM 69,–

Johannes P. Heymann
Das große Schußwaffen-Werkbuch
400 Seiten, 400 Bilder
Bestell-Nr. 01290 **DM 78,–**

Reiner Herrmann
Handbuch für Wiederlader-, Vorderlader- und Böllerschützen
192 Seiten, 160 Farbbilder
Bestell-Nr. 01974
DM 49,80

Hans J. Heigel
Präzisions-Gewehrschießen
Mit Tests und Beschreibungen von fast allen auf dem Markt befindlichen Großkaliber-Serienwaffen liefert der Autor solide Grundlagen zur Beurteilung von Präzisionsgewehren. »Custom-Guns«, Waffen für das »Long-Range«-Schießen und Scharfschützengewehre bilden weitere Schwerpunkte dieses bewährten Standardwerkes, das nun in dritter, völlig überarbeiteter Auflage vorliegt.
292 Seiten, 163 Bilder
Bestell-Nr. 01600 **DM 59,–**

Motor buch Verlag

IHR VERLAG FÜR
WAFFEN-BÜCHER

Postfach 10 37 43 · 70032 Stuttgart
Telefon (0711) 210 80 65
Telefax (0711) 210 80 70

Stand Juli 1998 – Änderungen in Preis und Lieferfähigkeit vorbehalten